AF502059

RECHERCHES

SUR

DE GRANDS SAURIENS TROUVÉS A L'ÉTAT FOSSILE VERS LES CONFINS MARITIMES DE LA BASSE NORMANDIE, ATTRIBUÉS D'ABORD AU CROCODILE, PUIS DÉTERMINÉS SOUS LES NOMS DE TÉLÉOSAURUS ET STÉNÉOSAURUS.

PAR M. GEOFFROY SAINT-HILAIRE.

PARIS,
DE L'IMPRIMERIE DE FIRMIN DIDOT FRÈRES,
IMPRIMEURS DE L'INSTITUT, RUE JACOB, N° 24.

1831.

DIVERS MÉMOIRES

SUR DE GRANDS SAURIENS TROUVÉS A L'ÉTAT FOSSILE VERS LES CONFINS MARITIMES DE LA BASSE NORMANDIE, ATTRIBUÉS D'ABORD AU CROCODILE, PUIS DÉTERMINÉS SOUS LES NOMS DE TÉLÉOSAURUS ET STÉNÉOSAURUS.

PAR M. GEOFFROY SAINT-HILAIRE.

PREMIER MÉMOIRE

LU A L'ACADÉMIE ROYALE DES SCIENCES, LE 4 OCTOBRE 1830,

SUR

Les lames osseuses du palais dans les principales familles d'animaux vertébrés, et en particulier sur la spécialité de leur forme chez les crocodiles et les reptiles téléosauriens.

ARTICLE Ier.

OBSERVATIONS PRÉLIMINAIRES.

JE viens ajouter aux recherches, faits et déductions de quelques Mémoires concernant les prétendus crocodiles fossiles de Caen, et que j'ai présentés de 1825 à 1828: de nouveaux, de nombreux matériaux et l'intérêt du sujet m'y ramènent.

Le prétendu crocodile des carrières de Maëstricht a enfin ses rapports fixés et sa place assignée près les tupinambis ou monitors : la détermination générique de ce grand saurien sous le nom de *mososaurus*, a mis en effet de la précision et l'autorité de la science, où n'étaient, avant M. le baron Cuvier, qu'incertitudes, fausses allégations et stériles discussions. Aurais-je autrefois, dans une heureuse imitation de ce progrès scientifique, et plus nettement reconnu et mieux donné aussi les rapports des prétendus crocodiles de Caen et de Honfleur? Effectivement, dire de ces animaux que, sous le point de vue organique, ils sont placés à une plus grande distance de quelques analogues vivants qu'on ne l'avait cru d'abord, les admettre à figurer avec des noms spéciaux, et par conséquent faire qu'ils ne soient plus mêlés, au moyen d'arbitraires classifications, avec les êtres de la création actuelle, n'est-ce pas avoir de même, au profit des spéculations de la géologie, élevé cet important sujet à ses véritables idées zoologiques? Voilà du moins ce que je me propose d'examiner aujourd'hui.

Car, plus tard, se présenteront d'autres questions; telle celle-ci, par exemple : « Si les prétendus crocodiles de Caen « et de Honfleur renfermés dans de semblables terrains, « ceux de la formation jurassique, avec les *plesiosaurus*, ne « seraient point dans l'ordre des temps, aussi bien que par « les dégrés de leur composition organique, un anneau « de jonction qui rattacherait sans interruption ces très-an- « ciens habitants de la terre aux reptiles actuellement vivants « et connus sous le nom de gavials? » J'ai déja annoncé avoir réuni assez de faits et surtout suffisamment de réflexions déduites de ces faits pour aborder d'aussi hautes questions de géologie. Réservant cette discussion pour la fin de mes recherches, je vais m'occuper aujourd'hui d'établir ce que sont véritablement les *teleosaurus* et les *steneosaurus*, c'est-à-dire leur assigner l'existence zoologique qui leur appartient.

Pour Linnéus qui, dans ses travaux de classification, se plaisait aux combinaisons des rapports les plus élevés, le crocodile n'était qu'un lézard, *lacerta crocodilus*. Mais enfin, cette unique espèce, ou pour m'exprimer avec plus de rigueur, ce type unique mieux étudié de nos jours dans ses modifications organiques, constitua le genre *crocodile*, lequel fut justifié dans son essence de groupe ou de famille par l'existence de plusieurs espèces distinctes. M. le baron Cuvier proposa et fit admettre les trois subdivisions génériques suivantes : *gavials*, *crocodiles proprement dits*, et *caïmans*.

Ainsi, tout en ne voulant qu'étendre et perfectionner les classifications zoologiques, l'on apprit avec certitude que sous le vêtement et l'apparente conformation d'un lézard se trouvaient des éléments bien circonscrits d'une nouvelle famille de quadrupèdes ovipares.

Dans la suite le crocodile fut encore mieux connu, et en effet savamment étudié dans ses conditions d'ostéologie, quand on eut aperçu qu'il pourrait et devrait être employé à l'illustration et à la détermination de quelques ossements fossiles.

C'était ainsi s'acheminer à donner une œuvre complète, une histoire naturelle entière des crocodiles. Cependant une telle entreprise à terminer ne m'était-elle pas plus naturellement dévolue? Car, enfin, il était là question d'un animal vivant dans une contrée où j'avais pénétré, et il était entré dans mes vues comme dans mes devoirs de naturaliste voyageur, de le comprendre dans mes travaux sur cette terre classique, de le montrer mêlé dès la plus haute antiquité à tous les récits, jouant un rôle dans la politique des peuples, ayant des habitudes dont on avait introduit l'esprit dans les législations civile et religieuse. Or, ces devoirs, je les ai remplis avec charme et en y appliquant toute la portée de mon esprit. Je suis obligé d'en faire moi-même la remarque, parce que mon travail, vraiment très-étendu, considérable surtout par la variété des sujets et dans lequel je m'étais attaché à faire ressortir des faits de mœurs et d'organisation fort extraordinaires, a passé à-peu-près inaperçu, quand je l'ai eu déposé dans le grand ouvrage sur l'Egypte.

Je ne rappelle ces circonstances que pour avertir qu'il fut donc un moment dans ma carrière zoologique où j'obtins, peut-être plus qu'aucun autre naturaliste, un sentiment exquis, une connaissance approfondie des formes vraiment merveilleuses et des affinités naturelles des crocodiles, et de leur droit par conséquent à l'isolement dans nos subdivisions classiques.

C'est sur ces entrefaites que l'on vint à annoncer que les terres de France, et principalement les carrières des confins maritimes de la basse Normandie, recélaient des débris de crocodiles. Ce point étant constant, alors se reproduirait le fait des éléphants, où une moitié des espèces se serait maintenue et aurait persévéré jusqu'à nos jours, quand l'autre aurait été atteinte et détruite par des bouleversements diluviens. Cependant, que les crocodiles aient fourni de ces faits analogiques, peut-être était-ce même déja *a priori*, le cas d'en douter; ce sont des animaux nageurs, des amphibies qui ne viennent à terre que pour s'y reposer, mais qui se réservent de développer leur énergie, leur activité, toutes les puissances de la vie, dans le séjour des eaux; et ce sont aussi des animaux possédant des attributs caractéristiques à faire croire qu'ils n'avaient jamais pu s'accommoder d'un milieu plus froid, des circonstances atmosphériques et géologiques du monde antédiluvien.

Aussi, au pressentiment né de ces réflexions que les animaux perdus des carrières de Caen devaient différer des gavials du Gange et encore plus des caïmans et des vrais crocodiles, se joignait, chez moi, la confiance de pouvoir promptement et avec toute facilité savoir ce qui en était; car alors ceux-là, pour rester en communauté de famille avec ceux-ci, allaient être tenus de me montrer au moins l'un de ces caractères sur lesquels se fondent les conditions de l'être *crocodilien;* qu'on me permette cette expression, son utilité s'en manifestera ailleurs.

Exposons quelles sont ces conditions. En dehors de ce fond d'organisation qui caractérise les sauriens ou lézards, et à quelques égards aussi les ophidiens ou serpents, savoir : la forme très-allongée de leur système vertébral et principalement la multiplicité de leurs inutiles vertèbres coccygiennes, leur quantité moindre de respiration, la petitesse de leur cerveau, la grandeur de la face et la longueur des branches maxillaires, enfin leur génération ovipare; en dehors, dis-je, de ce plan commun, à quoi vient encore ajouter ce dernier caractère de spécialité, se présente un tout autre arrangement pour la composition de la tête. Ce nouvel arrangement consiste dans la diversité des volumes respectifs des mêmes matériaux, toutefois sous la réserve d'une subordination presque servile au développement hyperthrophique de l'un des appareils des sens. Delà, à quelques égards, une nouvelle destination physiologique de cet appareil : agrandi hors de mesure, sa puissance est autre et très-considérable.

Quand un organe s'accroît d'une manière extraordinaire, quelques autres qui en sont voisins lui sont sacrifiés; et ainsi rapetissés, ils sont comme étouffés et suffisent à peine à leurs fonctions ordinaires. Mais, du moins, il n'est pas de difficulté à ce sujet; subissant l'influence d'une domination étrangère, ils peuvent être négligés sans inconvénient dans l'appréciation de leur valeur comme caractères zoologiques; tout au contraire, il n'en est point ainsi de quelques autres organes, lesquels étant soumis et entraînés à la suite de l'organe dominateur, participent à l'excès de volume de celui-ci; car, alors, tous laissent à l'esprit une décision à prendre. Il reste effectivement une question problématique, exigeant pour sa solution toute la sagacité, tout le savoir d'un habile zoologiste. Telles sont les difficultés contenues dans la proposition suivante : *Parmi les organes qui parviennent ensemble à une grandeur démesurée, lequel exerce toute l'influence quand les autres s'en tiennent au rôle secondaire d'officieux associés?*

Expliquons-nous à cet égard, en mettant les faits particuliers à la place de ces généralités. Une réponse à cette question, en ce qui concerne le crocodile, a été donnée d'une certaine façon par M. de Blainville, et par moi d'une autre, quand je m'en suis pareillement occupé. Il m'a semblé du moins que la supériorité d'influence était certainement acquise à des organes différents.

Après avoir tiré un principal caractère de la considération des corps caverneux, tantôt séparés et tantôt joints ensemble, M. de Blainville passa à l'observation des formes du crâne. Une circonstance de celui des crocodiles le préoccupa vivement et le porta à considérer ces animaux comme s'écartant des sauriens par un assez large intervalle : c'est la condition de fixité de la partie auriculaire qui sert à l'articulation de leur mâchoire inférieure. Dans cette pièce, mobile chez les sauriens comme chez les oiseaux, mais qui est tout au contraire, chez le crocodile, engagée et fortement retenue au milieu de plusieurs lames crâniennes, M. de Blainville aperçut des conditions d'hiatus et de forte anomalie. Aussi selon le prodrome de la classification zoologique que ce savant académicien a publiée (1), c'est un ordre à part, et non pas seulement un grand genre (2) qu'il a entendu établir. Cependant il laisse plus pressentir qu'il n'expose ses motifs, puisqu'il ne les fait connaître que dans une note où il déclare se contenter à cet égard d'apercevoir « un ensemble d'organisation intermédiaire entre les sauriens et « les chélonées, distinguant parmi celles-ci les tortues d'eau « douce et surtout les trionyx, qui, ajoute M. de Blainville, « pourraient bien avoir de véritables dents. » Et, en effet, les chélonées se trouvent avoir pour trait commun avec les crocodiles, que leurs pièces d'oreille employées dans l'articulation des mâchoires sont enclavées et fixées au crâne. Cela posé, c'est-à-dire cette argumentation étant seule produite, il faut bien que ce soit dans ce rapport tenu pour le

(1) Dans le Recueil de la Société philomatique, juillet 1816.

(2) Ainsi que l'a conçu et admis M. le baron Cuvier.

plus élevé, considéré comme exerçant la plus haute influence, que notre savant confrère a puisé ses éléments de conviction pour sa classification des crocodiles donnée en 1816. Cela suit encore du nom qu'il leur a donné, *émydosauriens*. Ainsi, selon cette détermination, les crocodiles composent un groupe tellement bien détaché des lézards ou sauriens, que ce serait, en effet, le cas d'admettre pour eux l'établissement d'un nouvel ordre, qui deviendrait ainsi un anneau joignant les lézards aux tortues, et particulièrement aux tortues d'eau douce, les émydes.

Ce travail a depuis été revu et généralement accueilli; chez les Allemands d'abord, en 1820, par Merrem, qui se flatte de mieux caractériser le nouvel ordre par l'expression de *reptilia loricata;* vers 1826 par Fitzinger; en Angleterre, par Gray, dans *Annals of Philosophy*, et par Haworth, dans *Philosophical Magazin*, mai 1825.

En ce qui me concerne sur ce point, je ne crois pas devoir me borner à une simple déclaration d'assentiment, à l'adoption seulement avouée de ces idées d'affinités; je puis y ajouter, en les énumérant avec plus de détails, en les exposant sous d'autres rapports, et en les confirmant par de nouvelles preuves. Le développement de ces vues forme un champ d'études inépuisables, il fait entrer dans le cœur de la haute zoologie.

Car qui n'a remarqué la singularité des formes de la tête d'un crocodile? Qui, venant à les comprendre, n'y a vu un ample sujet de méditations? L'arrière-crâne d'une part, la voûte palatine de l'autre, surprennent par des arrangements aussi inattendus que problématiques. Persuadé, comme je le suis, que la raison de ces faits peut être trouvée et donnée, j'accomplirai le devoir d'y consacrer mes soins. Or, cette puissante raison gît tout entière dans le fait d'organes dominateurs, qui subordonnent à un nouveau mode d'intervention toutes les parties qui en sont voisines : car un excès de volume et de fonctions quelque part appelle ailleurs un volume moindre et des fonctions restreintes. Cela posé, quelle est, chez le crocodile, cette ordonnée destinée à en révéler le caractère fondamental, à y montrer l'essence d'une organisation *crocodilienne*?

Cependant, avant d'aborder cette question, terminons avec nos doutes : et voyons si la supériorité dans les caractères aurait été dévolue à la pièce auriculaire fournissant un pédicule pour l'attache et le jeu des maxillaires inférieurs; si elle confirmerait, par conséquent, la préoccupation dont nous avons parlé plus haut? Je ne le crois pas. J'ai donné à cette pièce le nom d'*Énostéal* (1); j'en ai offert très-anciennement une détermination, aujourd'hui partout accueillie et applicable à ses deux situations : que l'énostéal soit libre et mobile ou qu'il soit enclavé et fixe, c'est un ensemble de parties toujours soudées chez les oiseaux et les reptiles, mais dont tous les éléments subsistent distincts dans le jeune âge des mammifères, et à toutes les époques dans l'aile auriculaire des poissons. L'énostéal correspond au cadre du tympan, lui-même formé des os tympanal, serrial et uro-serrial. Quelquefois aussi, mais non, je crois, dans le crocodile, le cotyléal en fait partie; c'est-à-dire que l'énostéal correspond à ce qu'on a nommé la caisse chez les mammifères et l'os carré chez les oiseaux.

---

(1) Mémoires du muséum d'histoire naturelle, tome XII, p. 97 et 115.

L'énostéal, pièce volumineuse, s'en tient, sans exercer d'autre influence, à se coordonner avec la grandeur des branches maxillaires inférieures; et encore n'est-ce guère qu'en envoyant vers celles-ci son pédicule articulaire qu'il prend un si grand développement. Car, à l'autre extrémité, il s'accommode de la petitesse des rochers avec lesquels il contracte alliance. En ce point, il y a différence de ce qui est chez les tortues, où la partie de l'énostéal joignant le rocher, est plus robuste et plus considérable que ne l'est à l'autre bout sa partie maxillaire.

Cependant, étant sur le point de montrer où est décidément, chez le crocodile, une ordonnée bien manifeste dans sa domination, j'éprouve un embarras, c'est de rencontrer deux ordres de faits auxquels l'idée d'un nouveau cas d'organisation s'applique également, deux ordres de faits dont je ne vois pas la nécessaire et mutuelle dépendance. L'importance de cet état des choses sera surtout appréciée quand j'aurai fait voir que les animaux fossiles des environs de Caen sont semblables dans un cas avec les crocodiles, et s'en éloignent, au contraire, essentiellement dans l'autre. Ce sont ainsi deux questions séparées, que je me propose de traiter chacune à part.

Article II.

De la spécialité des formes de la voûte palatine chez les crocodiles, et des différences fondamentales que présente à cet égard le saurien fossile de Caen, établi en 1825 à titre d'un nouveau genre, sous le nom de Teleosaurus.

J'ai déja traité cet important sujet dans mes précédents écrits, et je rappelle que je me suis vu obligé, pour ne pas rester au-dessous de l'intérêt des faits, de désigner le canal nasal, du moins quant aux considérations spéciales qu'il offre chez le crocodile, par le nom de canal cranio-respiratoire (1).

Il est de l'essence d'un organe, qu'une modification profonde de ses parties rend propre à plusieurs usages, d'être disposé à beaucoup de variation. Le canal crânien, limité à à son origine par les ouvertures nasales et à son extrémité terminale par les arrière-narines, est dans ce cas ; existant d'une part comme organe d'olfaction en dessus du vomer, et de l'autre au-dessous comme conduit ou organe de respiration. Étudié chez l'homme d'abord, il n'a occupé que sous le premier point de vue, et il y a pris le nom de *fosses nasales*. Mais dans le crocodile, on trouve que, tout en conservant des qualités olfactives, il est, pour et sous un autre rapport, amplifié à un tel point, que le même nom n'y est plus exactement applicable : c'est alors un très-long canal, un organe porté à son maximum de développement, un long sinus enfin dans une mesure, à faire croire que le crâne de l'animal est entièrement disposé pour satisfaire à ce maximum extraordinaire du développement.

Là donc, selon moi, du moins là seulement, est la condi-

---

(1) C'est le moment de s'exprimer tout aussi bien pour les yeux du corps que pour ceux de l'esprit, comblé que je suis des bontés de l'Académie: elle a bien voulu ordonner la confection d'un certain nombre de gravures pour l'explication de mes Mémoires. J'ai donc fait précéder les figures relatives aux reptiles téléosauriens d'une planche représentant les parties craniennes des crocodiles. Dans cette planche I, fig. 1.2.3.6.7 et 8, l'énostéal apparaît sous plusieurs aspects : son signe indicateur se compose partout des lettres *py*. (*Août* 1831.)

tion organique à regarder comme le fait *crocodilien* par excellence. Voilà ce qu'il m'importe et ce que je me propose de montrer avant de traiter des prétendus crocodiles des carrières de Caen. Mais, pour le faire avec plus de méthode et amener un contraste lumineux pour l'esprit, je crois devoir me reporter à l'autre bout de la chaîne de ces faits, commencer, par conséquent, par les animaux chez lesquels les deux fonctions ne sont pas associées ensemble.

Article III.

Du canal nasal (cranio-respiratoire) dans les diverses classes d'animaux vertébrés.

Il n'y a que chez les poissons que les deux fonctions ne se combinent point : et, en effet, telle est l'unique classe où ne subsiste rien de l'arrangement qui donne lieu à l'existence d'un canal cranio-respiratoire, ou canal nasal. Cependant, chose remarquable! ce n'en sont pas les matériaux qui ont disparu : aucun de ceux ailleurs mis en œuvre ne manquent; vaisseaux, nerfs, téguments, parties osseuses, tous s'y voient. Et pour m'en tenir, afin d'offrir une exposition plus intelligible, à un seul de ces systèmes, celui des pièces osseuses, on voit en ligne, chez les poissons, aussi bien que chez les autres animaux vertébrés, l'intermaxillaire, le maxillaire proprement dit, le palatin antérieur et le palatin postérieur. Toutefois ces pièces, placées chez les poissons bout à bout, anneaux plus ou moins allongés de la chaîne maxillo-palatine, n'y contribuent point, comme chez les animaux de la respiration aérienne, à la formation d'un canal nasal : cela est ainsi, de ce que ces pièces sont privées de s'étendre suffisamment à leur bord interne, et d'y développer une lame qui se rende à la ligne médiane; c'est-à-dire de ce que, ne se prolongeant point à la voûte palatine jusqu'à se rencontrer avec leurs congénères, ces pièces ne peuvent ainsi, en se soudant, faire plancher au-dessous des os ethmoïdaux et cérébraux.

Ceci n'empêche pas qu'il n'y ait des fosses nasales chez les poissons, qu'elles n'y soient entières, qu'elles n'y soient de même pourvues de méats d'entrée et de sortie, et surtout qu'elles n'y existent parfaitement bien circonscrites par des os exactement analogues. J'en fais l'énumération en ces termes, savoir : antérieurement, la facette interne de l'intermaxillaire; supérieurement, les os du nez et les os planum, ceux-ci étant les seuls vestiges des cornets supérieurs; en arrière, le corps ethmoïdal; et inférieurement, le vomer et les osselets remplaçant les cornets inférieurs. Toutefois, ce ne sont rigoureusement que des anfractuosités nasales, des cavités sans issue sur le palais et uniquement adaptées à l'organe olfactif : elles sont donc imperforées à leur fond, et par conséquent sans le caractère d'un canal à travers le crâne. Les deux méats, d'entrée en arrière et de sortie en avant, sont, près l'un de l'autre, ouverts tous deux dans une scissure extérieure de la face, et percés dans les téguments.

Ainsi, *première* circonstance : chez les poissons, point de canal cranio-respiratoire, point de perforation de la face à la voûte palatine (1).

---

(1) Appelons une hypothèse à notre secours, pour mieux donner cette explication. Soit par exemple deux moitiés d'un tuyau de plomb : en rapprochant et unissant bord contre bord la portion de droite avec celle de gauche, vous ramenerez les choses à leur précédent état d'un tuyau in-

Je viens de rappeler les rapports de position des os de l'appareil olfactif, et de la chaîne maxillo-palatine chez les animaux de la respiration aquatique. Or, retrouver ces pièces dans les mêmes relations chez les animaux de la respiration aérienne, est toujours un fait promis par la loi des connexions. Mais il n'est, en effet, nullement dérogé au caractère d'invariabilité de ce principe, alors que le fluide respiratoire, dirigé de dehors en dedans, trouve, dans les vertébrés pulmonés, à traverser le crâne et à déboucher par des arrière-narines, et quand celles-ci profitent à cet effet de quelques intervalles laissés dans la voûte palatine par des os non conjoints ensemble.

Le point de cette traversée peut varier; car il peut intervenir vers la fin du passage, et par delà l'appareil olfactif, divers obstacles : et, en effet, les combinaisons réalisées sont de trois sortes. Chez les reptiles, dont les crânes sont établis à claire-voie, parce que ces animaux les ont composés d'os pour la plupart filiformes et longitudinaux (et ce sont tous les reptiles, moins les crocodiles), il n'est apporté aucun empêchement à ce que la route, pratiquée à travers la tête pour l'issue du fluide respiratoire, traverse presque verticalement, et débouche au plus près dans la cavité buccale. J'ai

---

tégral. Mais qu'au contraire vous veniez à manœuvrer sur chaque portion pour en faire deux plaques bien applanies, longitudinales, et rangées symétriquement côte à côte, vous n'aurez rien distrait de la matière : la forme seule se trouvera changée. Dans le premier cas, un canal existe; dans le second, il est remplacé par deux tables parallèles. Ce second cas est ce qui advient aux poissons, lesquels conservent tous les matériaux, mais non la disposition canaliculée des fosses nasales.

fait connaître cette combinaison en m'aidant des figures nécessaires dans mon Mémoire sur les Gavials et le *Teleosaurus*, imprimé dans le XIIe volume de la seconde série des actes du Muséum d'histoire naturelle. L'étroitesse du palatin, ce qui est d'ailleurs le fait général de tous les os crâniens de ces reptiles, prive cet os d'étendre une lame de recouvrement sur les vomers, et de se développer tout le long du maxillaire. Il résulte de cela que le palatin ne commence et ne contracte articulation qu'à la suite du vomer, en même temps qu'il ne fournit d'apophyse latérale de jonction pour s'appuyer sur le maxillaire, que vers les deux tiers ou les quatre cinquièmes de la longueur de l'arcade dentaire. Alors en avant et en arrière de cette apophyse latérale, sont des intervalles évidés de figure elliptique allongée (1). L'ovale antérieur est circonscrit, en dehors et en dedans par la première portion de ce maxillaire et par le vomer, en avant et en arrière par l'intermaxillaire et par le palatin. Tel est le vide qui favorise le débouché au plus près du canal cranio-respiratoire ou du canal nasal. Que cette remarque fixe nos idées : cela se passe au-devant du palatin.

Ainsi *seconde* circonstance sur laquelle j'appelle l'attention : les arrière-narines précèdent la naissance des palatins, lesquels sont, à leur face externe, légérement ployés en une gorge longitudinale pour aider au débouché de ces ouvertures (2).

(1) Voyez *Pl. des crocodiles*, fig. 3, lettres *o e*, *o c*.

(2) Les tortues, chez qui ne sont plus des os filiformes, mais des pièces crâniennes lamelleuses, participent toutefois au caractère commun des reptiles, quant aux arrière-narines s'ouvrant au-devant et à l'extérieur des

Cependant, conservez le souvenir de toutes ces relations et voyez apparaître une autre combinaison, si les palatins, n'étant plus frappés d'un arrêt de développement en devant, y produisent au contraire une lame qui se superpose au vomer et qui gagne l'os maxillaire. Cet arrangement est celui qui domine chez les oiseaux, plus encore chez les mammifères; dans ce cas, il n'est nul de vide au plafond palatin: et le plein qui y remplace ce vide, ou l'ovale antérieur, que nous disions tout à l'heure avoir été laissé entre le maxillaire et le vomer, devient un obstacle qui s'oppose à un débouché au plus près du canal nasal. Il faut bien alors qu'au lieu de s'ouvrir par devant et dans une gorge pratiquée à la face externe du palatin, ce canal se prolonge tout le long du vomer et de la face interne du palatin, pour s'ouvrir en arrière de celui-ci. C'est, cela posé, une *troisième* circonstance à remarquer : les arrière-narines ne précèdent plus, elles arrivent à la suite des palatins (1).

palatins. A cet effet, les palatins n'en sont que mieux, comme chez la plupart des reptiles, creusés en gouttière. Cependant il arrive, par exception, que chez les tortues marines le bord externe de chaque gouttière se prolonge avec excès, et se renverse en-dedans; point, où se rencontre une portion du vomer agrandi dans une égale étendue. Alors on croit apercevoir le canal nasal établi en-dedans des palatins à la manière des mammifères. C'est une illusion dont il faut se défier, et à laquelle donne lieu seulement cet excès de développement dont je viens de parler. Cette modification, bien que remarquable, n'emporte point l'arrangement ordinaire aux tortues dans un écart à en méconnaître les conditions de famille.

(1) On peut à ce sujet utilement consulter dans la première de nos planches, celle des crocodiles, les fig. 3 et 7. Les palatins s'y voient en *t*, *t*, et les hérisséaux (*palatins postérieurs*) en *v'* et *v''*. Les lettres accouplées

Cependant postérieurement à ces pièces, il en existe d'autres en liaison non seulement par une articulation commune, mais par des fonctions identiques, venant à en compléter le service : ce sont les pièces qu'on a nommées dans l'homme *apophyses ptérigoïdes internes*. Schneider qui les a remarquées chez les reptiles dans une dépendance en quelque sorte servile des palatins, les a jugées être de vrais palatins, bien que d'une autre sorte : d'où les noms qu'il leur a à toutes deux imposés, *palatins antérieurs* et *palatins postérieurs*. Toutefois, ces derniers palatins m'ont paru présenter un caractère évident de spécialité dans les trois autres classes des vertébrés, et je les ai appelés *hérisséaux*; hérisséal, du nom de l'académicien Hérissant, le premier anatomiste qui s'en soit occupé à titre d'une détermination philosophique. Je complète ce que j'en dois dire ici, en faisant observer que dans les tortues, ce qui est également chez les mammifères, elles existent à la suite, mais d'ailleurs sur les flancs des palatins.

Je passe enfin à une autre et dernière combinaison, à l'un des plus grands faits de la zoologie, pour l'exposition duquel j'ai disposé et rappelé ce qui précède. Que l'hérisséal, (pièce si petite que, sous l'appellation d'une simple apophyse,

---

v v désignent les issues des canaux cranio-respiratoires, ou celles des arrière-narines. J'ai fait enlever à dessein une lame de l'hérisséal gauche *v'*, en sorte que je montre dans ma préparation dessinée deux exemples des circonstances ci-dessus décrites : c'est à savoir à gauche le cas des mammifères *v'*; cas partagé par les téléosaures, où le débouché des fosses nasales dans le palais a lieu en arrière de la pièce palatine, *t*, fig. 3; et cet autre cas, uniquement *crocodilien*, où ce débouché apparaît par-delà l'hérisséal *v''*, soit à droite fig. 3, soit des deux côtés fig. 7.

elle est jugée de si peu d'importance chez l'homme et chez les mammifères), grandisse dans tous les sens, et que cet os soit uni et soudé en front sur tout le bord postérieur du vrai palatin et sur la ligne médiane avec son congénère, il devient la principale pièce de la voûte palatine, il en étend la superficie en arrière jusqu'au point de la prolonger sous tout le crâne, ne s'arrêtant qu'à l'aplomb des occipitaux. Tel est l'hérisséal chez le crocodile. Mais alors comment se comporte le canal crânio-respiratoire ou canal nasal en présence de cette pièce d'un volume démesuré, c'est-à-dire sous l'intervention d'une si puissante ordonnée? car il n'est, pour son débouché en arrière-narines, d'issue ni avant ni à la suite des palatins. L'obstacle qu'apportaient ceux-ci, en développant un plateau superficiel chez les tortues au lieu et place de l'ovale antérieur que nous avons signalé chez la plupart des reptiles, subsiste chez le crocodile; et il est, de plus, accru de toute l'étendue donnée en arrière à la voûte palatine par les hérisséaux soudés ensemble vers la ligne médiane. Dans ce cas, il n'était plus qu'une ressource pour que cette conformation *crocodilienne* fût accommodée au sort commun de tout canal nasal, c'est-à-dire pour que celui-ci obtînt un débouché nécessaire à portée du larynx, c'est que le canal nasal continuât à s'étendre intérieurement, et à se prolonger sous les hérisséaux, jusqu'à ce qu'il lui arrivât de les déborder à leur extrémité laryngienne: là sont, en effet, bien près de la base du crâne, les arrière-narines chez le crocodile.

Par conséquent, *quatrième* circonstance à constater.

RÉSUMÉ.

Ainsi sont quatre ordres de faits relativement au mode de formation du canal nasal, lesquels je résume ainsi :

1° Chez les poissons, l'entrée et la sortie existent en dehors de la face. Point de canal cranio-respiratoire, dont les éléments soient étagés en voûte palatine;

2° Chez les reptiles, et il faut en distraire les crocodiles, le canal nasal traverse le champ des os de la face et débouche dans le palais en avant des palatins;

3° Chez les animaux à sang chaud, les mammifères et les oiseaux, mais avec un caractère plus prononcé chez les mammifères, les ouvertures nasales postérieures débouchent derrière les palatins ;

4° Et, enfin, chez les crocodiles, ces mêmes orifices se montrent tout à l'arrière-partie du crâne, étant pratiqués dans une gorge terminale des hérisséaux.

Article IV.

Application des vues précédentes aux animaux fossiles des environs de Caen.

Parvenu à cette généralisation des faits par mes études sur le crocodile, à une expression aussi nette et aussi précise de ses affinités naturelles, je me ressouvins qu'il existait de savantes publications sur un crocodile qu'on avait trouvé à l'état fossile dans la campagne de la ville de Caen. J'en allai voir quelques parties conservées dans nos galeries. Sur le morceau assez complet pour être déterminable, était un hérisséal entier. Mais quelle fut ma surprise de trouver cette pièce sous une figure d'hérisséal de mammifère? surtout quand je ne pouvais méconnaître dans le morceau, tout auprès, en ses parties occipitales, des formes vraiment crocodiliennes. Cette proposition exige trop de développemens pour que je les donne aujourd'hui; j'y reviendrai dans le Mémoire suivant.

Cependant quelques rapports avec les mammifères, puis d'autres au même degré avec les crocodiles, et cela, à l'occasion d'organes portés au maximum de composition et de fonction, apportaient là des conditions mixtes, d'où sortent des indices certains pour les zoologistes. Or, ces indices sont toujours jugés des éléments non équivoques d'une nouvelle famille : j'établis donc, pour arriver à une détermination définitive du prétendu crocodile de Caen, un nouveau genre que j'appelai *teleosaurus*, c'est-à-dire saurien parvenu à un assez haut degré de perfection; entendant par-là rappeler les rapports de cette espèce perdue avec les animaux les plus élevés dans l'échelle zoologique.

Ce travail, que je présentai à l'Académie il y a cinq ans et qui fait partie des Mémoires du Muséum d'histoire naturelle, tom. XII, p. 97, n'a, que je sache, encore donné lieu à aucune remarque, et moi-même je l'avais entièrement perdu de vue : il ne m'est revenu à la pensée que tout récemment, et dans un voyage que j'ai fait à Caen, d'où je suis de retour depuis quelques jours. J'ai trouvé sur les lieux même, où sont enfouies les précieuses dépouilles des *teleosaurus*, de nouvelles lumières, que j'ai surtout puisées dans la riche et instructive conversation du professeur de la Faculté des sciences, à Caen, M. Eudes Deslongchamps. Un crâne presque entier d'un *teleosaurus*, qui est possédé et qui m'a été généreusement communiqué par cet habile et profond naturaliste, est présentement sous les yeux de l'Académie.

Au fait, je n'avais eu autrefois, comme M. Cuvier, pour principal élément de détermination qu'une demi-tête osseuse, anciennement trouvée et donnée par feu M. Lamouroux, et je pouvais avoir fait quelque méprise. Fort heureusement cela n'a pas eu lieu; et puisque j'en ai présentement la certitude, après avoir consulté un assez bon nombre d'échantillons nouvellement extraits des carrières, j'en dois prévenir les savants qui s'intéressent à cette question véritablement très-curieuse.

Le temps me manque maintenant pour reproduire ici les six propositions qui, dans mon Mémoire déja cité, sont exposées avec détail et dont je me suis autorisé pour fonder le genre *Teleosaurus;* je ne manquerai pas, dans la suite de ces Mémoires, de les rappeler. Je m'en tiens aujourd'hui à compléter mon travail de 1825, en rapportant sommairement quelques-unes des observations que je viens de faire. Il m'est agréable d'avoir à dire que les nouvelles confirment les anciennes, dans ce sens qu'elles mènent au même résultat, c'est-à-dire qu'elles prescrivent également l'isolement générique des *Teleosaurus.*

Le *Teleosaurus*, que la disposition des ouvertures nasales postérieures derrière les palatins et l'existence des hérisséaux en manière d'apophyse ptérigoïde rapprochent des mammifères, montre la même ambiguité de rapports naturels dans deux autres systèmes organiques; dont, quant à ces animaux, il n'a encore jamais été question, savoir : les dents et les téguments.

1° *Les dents.* Bien que nous sachions que les dents sont,

chez les animaux, considérablement variées de forme et de position, nous ne pouvions nous attendre à leur combinaison nouvelle chez les *teleosaurus :* longues, un peu arquées, filiformes et nombreuses, elles sont remarquables comme rejetées, comme dirigées de côté. On les voit, présentant ce caractère, dans les figures 10, 11 et 12 d'une planche 7 qu'y a consacré M. le baron Cuvier (1). Il n'y a pas à présumer que cette position latérale puisse tenir à une sorte d'écrasement de la part des couches, à leur égard superposées : les alvéoles ouvertes sur la tranche même des maxillaires, dans le crâne récemment découvert, mettent cette curieuse considération hors d'incertitude et de contestation. Et comme il n'est nulle part de séries de dents, quelque prolongées qu'elles soient au-dehors des maxillaires, que des téguments ne s'étendent proportionnellement pour les recevoir, et que, de plus, dans notre nouveau sujet d'observation, les extrémités acérées des dents ont été parfaitement protégées contre l'usure et défendues de tout autre accident, il suit que des lèvres mobiles, extensibles, sans doute considérables, et telles que la baleine, l'ornithorinque, ou même l'hippopotame en offrent des exemples, revêtissaient le museau où existaient des dents aussi singulières.

2° *Téguments.* Le corps des *teleosaurus,* comme celui des crocodiles, était cuirassé, mais il l'était bien autrement et plus fortement. Les écailles, chez le crocodile, ne manquent point de répéter le caractère commun aux reptiles écailleux, savoir, d'être placées côte à côte : mais elles sont superposées ou imbriquées chez les êtres téléosauriens, ainsi que dans les

(1) Voyez *Ossements fossiles*, tome V, partie II.

poissons. C'est sur le dos que, chez les crocodiles, elles abondent au point même de ne pouvoir contenir dans l'emplacement qui leur est dévolu; à quoi il est pourvu par un plissement longitudinal sur le milieu de chaque écaille: chez les téléosaures, c'est le plastron ventral qui est le mieux armé: il est protégé par de nombreuses rangées contiguës de six écailles fortes, épaisses, plates et imbriquées à leur bord postérieur. Sur le dos, sont bien des écailles plus larges, mais elles sont seulement au nombre de deux par chaque rangée: il n'est d'écailles plissées que sur la partie supérieure de la queue.

Telles sont les écailles des êtres téléosauriens; c'est un arrangement qui répète ce qu'on voit chez les mammifères du genre *manis* ou pangolin. L'imbrication du bord postérieur réalise là aussi un fait des poissons, et cela dans une telle étendue que près du tiers de la surface se trouve recouvert par l'écaille antérieure. La partie cachée est lisse, et celle produite au jour n'est que semée d'excavations arrondies.

Or, pour tout zoologiste, au courant de la valeur du système tégumentaire comme caractère, il suffirait de ces différences dans l'ensemble des téguments pour séparer, à titre de familles, les animaux qui en montrent d'aussi grandes.

3° *Les organes du mouvement.* Ils restent à connaître. Cependant il y a tout espoir de les voir bientôt sortir d'un bloc considérable possédé par l'un des professeurs du collége de Caen, M. Tesson: ce bloc sera prochainement livré à mes recherches. Les *teleosaurus*, ayant vêtement de poissons, me portent au pressentiment qu'il sortira de ce bloc, non un poignet à griffes, comme est le pied du crocodile, mais plutôt une patte nageoire.

Je termine cette première lecture en prévenant que des

objets représentés en la planche VII des *Ossements fossiles*, il n'y a d'applicables au *teleosaurus* que les sujets figurés sous les n°s 1, 2, 3, 4, 5, 10, 11, 12, 14 et 17. Ils avaient été trouvés fort près de Caen, au hameau nommé *Allemagne*. Les autres objets venaient de plus loin, de Quilly, sur la route et à moitié de la distance de Caen et de Falaise : ils proviennent d'une autre espèce, se rapportant à un autre genre que j'ai déja déterminé et nommé. J'en traiterai ultérieurement sous la dénomination de *steneosaurus*.

DEUXIÈME MÉMOIRE,

LU A L'ACADÉMIE ROYALE DES SCIENCES, LE 11 OCTOBRE 1830.

SUR

La spécialité des formes de l'arrière-crâne chez les crocodiles, et l'identité des mêmes parties organiques chez les reptiles téléosauriens.

PAR M. GEOFFROY SAINT-HILAIRE.

J'ai insisté dans ma première lecture sur toutes les conséquences classiques qui résultent chez le crocodile de l'étendue de son plafond palatin, de la grandeur et de la réunion sur la ligne médiane des dernières pièces osseuses, dites les hérisséaux, de la longueur excessive du canal nasal, et de la situation singulière des arrière-narines ouvertes près et au-dessous même du basilaire. Tant de différences forment un groupe de faits qui isolent à bon droit le crocodile, non pas seulement de quelques reptiles, mais de tous les êtres de la création. Et en effet, que de conséquences découlent d'arrangements aussi extraordinaires? Les muscles ptérigoïdiens, auxquels les os hérisséaux procurent un bord si étendu et des points d'attache si multipliés, deviennent, appliqués au mouvement des maxillaires, d'une puissance excessive. Trop considérables pour être logés par dessous le crâne, ils en occupent la par-

4.

tie postérieure, où ils sont refoulés et alors engagés dans les muscles cervicaux, grossissant par cette introduction anomale la moitié antérieure du cou. Employés à soulever la mâchoire supérieure, c'est-à-dire à élever la tête, qu'on sait contenue entière entre les branches maxillaires, ils agissent en même temps sur la mâchoire inférieure pour lui imposer une presque parfaite immobilité. De tous ces efforts simultanés, il résulte que la bouche se trouvant ouverte à angle droit, la respiration en est favorisée, ou mieux, est vraiment gouvernée d'une façon toute nouvelle. Les narines extérieures, ouvertes ou fermées à volonté, entrent dans des fonctions réciproques avec la langue, qu'on croit dans une adhérence fâcheuse avec ses enveloppes subjacentes, mais qui étant au contraire plus complètement appuyée dans toute son étendue, n'en est que plus puissante à se ramasser à son fond, à commander les mouvements du larynx, et à s'intéresser pour sa part à la circulation du fluide respiratoire. Le larynx est appelé, par la situation des arrière-narines, à saisir et à envelopper avec plus de précision la terminaison du canal nasal, et décidément à amener des dispositions, desquelles résulte que de l'air entre par diverses issues, tantôt dans le canal aérien et tantôt dans le canal œsophagien, avec pouvoir de s'y accumuler et d'y demeurer condensé pendant quelque temps; d'où naît pour le crocodile l'avantage de s'approvisionner allant en chasse.

Ce sont là autant d'actions, autant de résultats physiologiques impossibles avec des arrière-narines ouvertes vers le milieu du crâne, autant de combinaisons qui n'étaient point compatibles avec l'organisation des *teleosaurus*, plus près des mammifères sous ce rapport.

Ce point apprécié à sa valeur, on en tirerait la conséquence que les *teleosaurus* sont à une très-grande distance des *crocodiles;* s'il n'était point un autre caractère qui les rapproche, qui constitue une autre et toute puissante ordonnée, et dont on puisse dire que là est plus justement le cachet *crocodilien* par excellence. Je veux parler de l'organe de l'ouie qui présente, chez le crocodile, des conditions si nouvelles et surtout si inattendues, que je serai sans doute excusé d'entrer dans les détails suivants.

Déja nous avons parlé de l'attention que M. de Blainville avait accordée à l'une de ses parties, à la pièce dite la caisse, ou l'os tympanique, et que nous avons nommée *énostéal.* Sa grandeur et sa fixité dans le crâne entrèrent pour beaucoup dans les motifs qui portèrent notre savant confrère à établir l'ordre *émydo-saurien.* Où se rend cette pièce du côté interne? Il me semble entendre le moins instruit des anatomistes répondre sans hésiter : sur le rocher; car c'est là où se porte tout naturellement le conduit auditif. L'analogie ne saurait être ici douteuse; je crois qu'elle inspire à bon droit. Mais cependant qui a vu tout le rocher du crocodile? Il y a mieux; tous les compartiments en sont décrits avec savoir et grande exactitude, mais seulement comme on aurait pu faire d'une maison dans laquelle on aurait dressé un exact inventaire et sans qu'on puisse dire où est cette maison, quelle est son étendue, quel est son lieu, où sont ses limites, pourquoi elle est circonscrite. On doit beaucoup aux recherches de M. Cuvier sur ce point (1); et en effet, il a exploré tout l'intérieur de l'organe avec ce talent d'investigation et

(1) CUVIER : Ossements fossiles, 2e édition, tome 5, partie 2e, p. 80.

de sagacité qui le caractérise. Mais la pièce, il la suppose, il la nomme, il résume ce qu'il en sait en ces termes : *Le rocher est à la même place et remplit les mêmes fonctions que dans les mammifères, seulement le labyrinthe s'étend dans les os voisins.* C'est-à-dire qu'il est encore une autre pièce qu'il ne montre pas, qu'il ne désigne point par une lettre indicative, ce qu'il ne manque point de faire pour toutes les autres pièces voisines, savoir : son *mastoidien* par *n*, l'*occipital latéral* par *s*, l'*occipital supérieur* par *q*, son *temporal* par *x*, la *caisse* ou l'*énostéal* par *o*, et le *pariétal* par *p*. Tous les os séparés sont appelés : il ne reste rien à adjuger à celui des rochers contenant le labyrinthe; pour celui-ci (1), j'avais usé, dans de premiers essais, de la ressource de supposer ce rocher soudé à l'un des os ici désignés. L'avait-on aussi comme moi implicitement admis? Avec quel os l'aurait-on tenu pour réuni? De ces inexactitudes sont sortis des jugements qui sont, je crois, à réformer, *que ni la caisse ni le rocher ne suffisent à loger la cavité tympanique et le labyrinthe.* Oss. FOSS., *loco citato*, p. 81. Nous aurons tout à l'heure occasion d'établir que toutes choses sont dans le crocodile convenablement quant à leurs os respectifs, et qu'ainsi toutes se suffisent conformément à leur destination analogique.

Certes, bien qu'on ait habilement décrit les détails intérieurs des rochers du crocodile, l'on n'en a découvert ni assigné tout l'emplacement. Car alors l'on se fût abstenu de relater des anomalies invraisemblables, comme de croire

(1) Il ne peut être, dans tout ceci, question d'une lame rochéenne située latéralement et inférieurement entre les grandes ailes et les occipitaux, qu'on a jusqu'ici considérée comme étant le seul et entier rocher des crocodiles.

que le labyrinthe pouvait exister dans d'autres os voisins, puisque c'était le cas d'insister sur l'existence d'un fait principal, d'une rencontre et réunion insolites, c'est-à-dire de ce que je suis bien tenté de proclamer comme l'évènement *crocodilien* par excellence. Ce fait, aussi inattendu qu'admirable dans sa conformité avec les principes de la loi des connexions, va devenir à son tour explicable par rapport à des os voisins méconnus dans leur essence, c'est que les deux rochers d'en haut sont chacun parvenus à se rendre sur la ligne médiane, et à se souder, soit entre eux et soit encore en arrière avec l'occipital supérieur, qui devient à leur égard une muraille extérieure.

Cependant combien l'on est excusable de n'avoir point distingué une exception aussi remarquable, une aussi singulière déviation des cas ordinaires. Et en effet le moyen de s'attendre que la base du crâne, seule partie élargie de la tête des crocodiles, serait constituée par un bandeau transversal passant par dessus le cerveau, par les deux oreilles jointes bout-à-bout et faisant partie de ce bandeau? Je fais cette remarque pour appeler l'indulgence sur des efforts qui ont duré vingt ans, sur des investigations commencées en 1807, sur des hésitations malheureuses n'ayant abouti que bien tardivement à la détermination que j'ai publiée dans les Annales des sciences naturelles, cahier de novembre 1827. Dernière tentative sans doute, car je crois avoir cherché et épuisé toutes les combinaisons pouvant faire rentrer l'exception dans la règle.

Nous nous exprimons avec surprise, et nous nous élevons même presque jusques au reproche d'anomalie, quand nous rencontrons ces cas extraordinaires où quelques organes associés pour des fonctions communes ne se maintiennent point dans un volume réciproquement convenable et proportionnel. Et en effet, qu'on songe à ce qu'il est exigé de sacrifices ailleurs, pour qu'un des organes des sens, celui de l'ouïe, comme dans le cas que nous examinons, s'etende en travers d'un bout à l'autre de la tête, et cela à la partie la plus large de l'arrière crane; pour que cet organe ainsi modifié tienne toutes les parties encéphaliques rangées comme sous une arche de pont. C'est là sans doute un fait gravement anomal, une composition arrivée à ce maximum de désordres, dont nous disons que se forment les faits de la monstruosité. On se garde toutefois d'y classer de telles anomalies, parce que ces écarts, tout en introduisant dans le système crânien un principe insolite d'une bizarrerie frappante, n'y apportent rien qui empêche l'animal d'être viable.

J'ai, dans mes études sur la monstruosité, observé un cas analogue et que j'aurais dit un cas *crocodilien*, si ce n'était que le bandeau auriculaire, s'étendant de droite à gauche, existât par dessous, et non en dessus du cerveau. J'ai appelé ce genre *sphénencéphale* (1), de ce que le fait, qui a rapproché les oreilles et les a amenées à se souder vers le centre, tenait à un plissement, à une sorte d'enroulement du sphénoïde postérieur. Dans ce cas, les palatins et d'autres organes des sens sont déviés et tourmentés, de manière qu'une nouvelle et vicieuse association des parties organiques soit seulement réalisable dans l'utérus : un embryon n'est passible de cet arrangement, que quand il est flottant et

(1) Geoffroy-St.-Hilaire. *Philosophie anatomique*, t. II, p. 98.

respirant dans le fluide amniotique : l'on sait présentement qu'un tel accord dans la disposition des parties, cesse au contraire de persévérer, le sujet entrant dans une seconde époque, c'est-à-dire quand il est livré aux nécessités de la vie dans le monde atmosphérique. Ainsi, comme chez le crocodile, un principe insolite d'une bizarrerie frappante se montre introduit dans le système cranien du sphénencéphale ; mais de plus il s'y trouve frappé de stérilité quant aux fonctions vitales, alors qu'arrive l'époque où l'animal est versé dans le monde aérien. Nous disons d'un tel animal, sans capacité pour une seconde existence, qu'il n'est pas né viable. Cependant qu'y a-t-il là de plus que chez le crocodile pour le faire considérer comme un monstre ? uniquement cette circonstance d'incapacité pour la vie de relations.

L'on voit, par ce qui précède, que pour comprendre l'excès de désordres apparents qu'apportent dans l'organisation des crocodiles la conjonction, la fusion et la disposition en arche de pont de leurs deux rochers d'en haut, et pour leur trouver un équivalent, il faut aller puiser dans les complications les plus hétérogènes de la monstruosité. Les crocodiles, comme les seuls animaux qui soient passibles de cette dérogation à la règle commune, sont néanmoins viables, et ils restent normaux dans ce sens qu'ils se reproduisent par voie de génération. Voilà comment ils possèdent en cela un caractère qui les écarte à grande distance de tous les êtres de la création ; comment soumis à la nécessité du principe des connexions, c'est-à-dire astreints à l'obligation du retour invariable et des mêmes pièces et d'un semblable enchevêtrement de ces pièces, ils constituent ce système particulier que j'appelle *crocodilien*. La position des rochers devient ainsi une condition dominatrice qui appelle, afin qu'elle soit à son égard en parfaite harmonie, la simultanéïté de position relative de toutes les pièces du voisinage.

Tels sont les faits qu'il nous importait de soumettre à une analyse approfondie, afin de faire reposer la détermination des *téléosaurus* et des *sténéosaurus* sur quelque chose de parfaitement senti.

Par conséquent, c'est comme un cachet *crocodilien* qui résulte ici de la jonction et de la fusion des rochers en dessus du cerveau; ainsi sont là des conditions nouvelles pour un autre système cranien, alors que le rocher supérieur manque à sa position ordinaire, qu'il cesse d'être maintenu sur les flancs. Les autres pièces d'à côté suivent le même sort; de latérales qu'elles sont ordinairement, elles gagnent le plafond: ainsi le post-rupéal (*rocher supérieur*) entraîne à sa suite, c'est-à-dire à la région supérieure du crâne, le temporal (*mastoïdien de M. Cuvier*), et en avant de cet os, une des portions du bord orbitaire, ou le jugal (*frontal postérieur de M. Cuvier*): le pariétal, qui forme le couronnement de la région encéphalique, et qui chez les autres animaux, afin d'atteindre les pièces de la fosse temporale, se courbe sur elles et les va trouver sur les flancs, n'est plus dans ces rapports chez le crocodile. Ces mêmes pièces, le jugal et le temporal (1), ayant gagné la haute région du crâne, ne laissent au pariétal que la chance de s'interposer entre elles, à titre d'une lame plane; ce qui a lieu effectivement. Au moyen de cet arrangement, les yeux sont verticaux, aussi bien que la fosse

(1) Voyez *pl. Ire des crocodiles*, fig. 1 et 8, les lettres O et P.

existant derrière, et que l'on ne peut éviter de désigner sous le nom de fosse temporale; car tout vide derrière la fosse orbitaire est nécessairement celui de la fosse des tempes : par conséquent, ces grands trous verticaux derrière les orbites (1), remplaçant des enfoncements analogues ordinairement existant sur les côtés, aussi désordonnés qu'ils le paraissent, ne sont toutefois que maintenus à la place que leur assigne la règle des connexions; c'est-à-dire que le temporal garde sa position supérieure à l'égard de l'énostéal ou os tympanique; ce qui ne serait point dans la détermination, qui le donne pour un os mastoïdien. Le jugal n'est aussi qu'à sa place ordinaire, entre l'œil et la fosse temporale: car y formant toujours une partie de l'orbite, il se lie extérieurement avec une portion du maxillaire, intérieurement avec le frontal, et postérieurement avec le pariétal et le temporal; ce qui ne peut se dire également d'une autre pièce de l'arcade maxillaire (2) et donnée sous le même nom de jugal par M. Cuvier. Il y a chez les crocodiles deux arcades, l'une supérieure *jugo-temporale*, l'autre inférieure *maxillo-tympanique*, qui restent entre elles dans un parallélisme et des relations nécessaires, mais dont la superposition n'est aussi manifeste que dans les animaux, chez qui les maxillaires sont prolongés au point de gagner et même de dépasser l'étendue du crâne. C'est une sorte de

(1) Voyez *même planche* Ire, et fig. 1 et 8, les lettres *v'*, *v''*.

(2) Telle est la portion orbitaire du maxillaire que j'ai nommée *adorbital*. Dans les cas de grandeur excessive des maxillaires, elle acquiert un volume proportionnel, et elle est entraînée de devant au-dessous de l'œil. Le jugal est reculé d'une distance proportionnelle et ne se montre plus qu'en arrière eu égard à la fosse orbitaire.

plissement ou plutôt de concentration sur la ligne médiane, mais dans un ordre inverse à ce que nous avons remarqué chez les monstres sphénencéphales, qui occasionne ce résultat; les parties sont à la région supérieure renversées sur le centre de dehors en dedans : de là, chez le crocodile, l'arcade maxillo-tympanique ou ce qui y correspond chez les mammifères, passe d'une situation inférieure tout en dehors et devient le flanc de la tête, quand l'arcade jugo-temporale, étant latérale ailleurs, mais se trouvant ici remontée plus haut, devient à son tour un bord tranchant pour tout le sommet applati du crâne.

Tout dans ces nouveaux arrangements n'est qu'à sa place : par conséquent, toute chose, y étant et respectivement et convenablement bien coordonnée, offre les dispositions les plus simples, dont on prend une très-facile connaissance, si l'on se place sur le théâtre de l'ordonnée générale, je veux dire si l'on donne attention à toutes ces relations, soit qu'on les suivent du centre à la circonférence, soit qu'on les observent des rochers sur les parties temporales.

De la discussion développée dans ce second Mémoire, il suit qu'une principale modification survenue au système cranien des crocodiles est dans l'immédiate dépendance de l'état des rochers soudés ensemble et portés au-dessus du cerveau : tout l'arrière-crâne est disposé en conséquence. Mais dans mon premier Mémoire, j'avais déja fait connaître une autre modification non moins singulière, exerçant tout autant d'influence, mais sur un autre système, sur celui de la respiration. Qu'on veuille bien se rappeler ce que j'ai dit dans mon premier Mémoire du canal nasal ou canal cranio-respiratoire. Or ces deux grandes modifications qui ont pu s'accorder ensemble, et qui, en s'accommodant l'une de l'autre dans les crocodiles, deviennent une double donnée pour leur isolement comme famille, ne sont cependant point dans une dépendance réciproquement nécessaire. Il y a mieux ; cette indépendance comme tenant à l'essence des choses, est même plus manifeste dans le crocodile, chez lequel on voit d'une part l'oreille, appelée plus qu'ailleurs à s'isoler, à la région supérieure et vers la fin de l'arrière-crâne; et d'autre part le museau, qui réunit les organes du goût et de l'odorat et qui est ainsi disposé à former un bec, n'être fixé que par un étroit pédicule aux autres parties de la face.

Cependant si l'esprit a décidément saisi qu'il n'est là qu'une simple relation de continuité, comme cela se voit dans la seule convenance des anneaux d'une même chaîne, il a déja aperçu qu'une construction plus simple pourrait faire partie des combinaisons infiniment variées des productions de la nature. Et en effet le problème le plus difficile n'est-il pas déja résolu chez le même être au moyen de deux combinaisons également extraordinaires? Descendre de là à la prévision, que l'une sans l'autre se trouvera à plus forte raison, se présente tout naturellement à l'esprit. Voilà ce qui est effectivement réalisé et ce qui l'est de deux manières différentes. Car ou bien le canal nasal et le palais sont agrandis démesurement en longueur, quand le système auriculaire est retenu dans ses dimensions ordinaires; et je puis citer comme un exemple de ce cas le tamanoir, *myrmecophaga jubata ;* ou au contraire, c'est le système auriculaire qui acquiert un volume considérable, tout en s'accommodant des dimensions moyennes du palais et du canal cranio-respiratoire. Cette dernière combinaison remarquable dans les êtres téléosauriens devient des éléments caractéristiques pour une nouvelle famille; des éléments d'une puissance et d'une valeur à rendre en effet obligatoires les distinctions zoologiques de cette famille, c'est-à-dire l'érection des genres *téléosaurus et sténéosaurus*.

Portons plus loin ces réflexions. L'indépendance de ces deux combinaisons anormales existe de fait : elle nous est révélée par l'organisation des sauriens fossiles du calcaire de Caen. Mais de plus, voyons que cette indépendance résulte de la nature des choses. Le système auriculaire en gagnant les hautes régions de l'arrière-crâne, dans les crocodiles et les téléosauriens, pouvait sans inconvénient demeurer étranger au palais et au canal cranio-respiratoire, situés en devant et inférieurement : car chacun de ces systèmes a pu très bien, à son heure des développements, s'accommoder des conditions très diverses de son monde ambiant. Les téléosauriens ont vécu autrefois sous l'influence de modificateurs autres que ceux sous l'action desquels sont aujourd'hui placés les crocodiles. Effectivement, autres étaient ces modificateurs sous le point de vue de leurs conditions thermométriques, hygrométriques et eudiométriques. Tel état de l'atmosphère a donc pu favoriser le développement de tel organe des sens, et au contraire sous l'exercice d'une autre constitution atmosphérique, la modification aura gagné de préférence un autre appareil. A d'autres époques, caractérisées par de grands changements dans la constitution de l'univers, appartiennent sans doute ces diversités de l'organisation; et il est alors tout simple d'admettre que l'état eudiométrique de l'atmosphère ayant changé, les modifications ressenties par l'organisation auront été partielles dans de certaines régions du crâne et auront pu exercer leur plus grande influence sur le canal qui sert de conduit à l'élément respirable.

Mais laissons les conjectures pour nous en tenir à ce qui est d'observation dans les considérations précédentes. Sont là, du moins, deux groupes de faits, qui réunis chez le même animal constituent les caractères de la famille des crocodiles, et qui, séparés au contraire dans un autre système organique, deviennent des éléments de détermination applicables aux téléosauriens. Or, c'est là un résultat d'une importance à m'engager d'y revenir, à me faire un devoir d'y beaucoup insister: et en effet, de telles conséquences doivent profiter également à deux sciences, la zoologie et la géologie.

Effectivement, il importe aux *zoologistes* d'être fixés sur cette circonstance, que le système organique des sauriens se trouve rapproché de celui des mammifères par un chaînon qui lie ce qu'on croyait à toujours séparé; et ensuite aux *géologistes*, que ce fait important d'un être intermédiaire occupant le milieu d'un large intervalle est acquis par la résurrection d'un animal perdu. Ce fait mis en regard de ceux fournis par d'autres sauriens également anté-diluviens, tels que les *mososaurus*, les *plesiosaurus*, les *icthyosaurus*, *etc.* contribuera pour sa part à montrer que l'organisation, d'où la vie résulte, principalement celle des premiers habitants de la terre, commença sous le ressort d'excitations, sous l'empire d'influences, autres que celles qui président actuellement aux arrangements de l'univers; pouvoir de réaction qui a varié sans doute insensiblement, et dans la raison des modifications subies successivement par le globe lui-même.

Ainsi, les téléosauriens se montrent, au moyen de caractères aussi précis qu'incontestables, et constituent une famille réunissant des formes animales d'une association jusqu'alors inconnue ; et de plus, pour arriver à nous, ils sortent des abymes où les évènements diluviens avaient déja précipité la première manifestation des êtres organisés.

Je n'ai point encore observé assez d'échantillons pour être assuré qu'il a existé plusieurs espèces dans le genre *téléosaurus :* on doit le présumer. M. Lamouroux avait témoigné le désir, dans un article imprimé à Bruxelles (1), que l'animal fossile de Caen fût inscrit dans nos tables zoologiques sous un nom spécifique, et il avait proposé celui de *cadomensis*. J'ai respecté ce vœu d'un des premiers auteurs de la découverte du fait, dans mon premier essai de détermination à la date de 1825 (2); ainsi le *teleosaurus cadomensis* a ce nom dans la science, toutefois provisoirement : la découverte d'une autre espèce pourra obliger de changer le qualificatif *cadomensis*.

Si nous devions nous en tenir aux faits qui viennent d'être exposés, il faudrait insister sur une conséquence qui en découle, c'est qu'entre l'organisation des *téléosaurus* et celle des animaux qui s'en rapprochent le plus, les crocodiles, il existe une lacune fort étendue ; cela n'est pas. La série zoologique se complète en chaînons intermédiaires, au moyen d'un autre genre que nous aurons à faire connaître, et que déja, dans notre travail de 1825, nous avions désigné sous le nom de *sténéosaurus*. Nous verrons que ce genre est exactement intermédiaire entre nos *téléosaurus* et le démembrement du grand genre Crocodile, dont j'ai traité sous le nom de *gavialis*, et qui reste formé des crocodiles à bec, ou des gavials du Gange.

---

(1) Annales des sciences physiques, tom. III, p. 163.

(2) Mémoires du Muséum d'histoire naturelle, t. XII, p. 145.

Le nouveau genre *sténéosaurus* est en outre justifié par l'existence de plusieurs espèces : à Caen, j'en connais deux bien distinctes; à Honfleur, une troisième. Le crocodile fossile du cabinet de Genève est encore une autre espèce se rapportant aussi au genre *sténéosaurus*.

Après le travail de descriptions et de déterminations de toutes ces espèces téléosauriennes (1), je les montrerai dans un résumé, sous le point de vue de leurs faits pour une philosophie géologique. Là je compte mettre à profit la distinction de chaque sorte de ces formes animales, pour les présenter atteintes par le cours des siècles et par les modifications successives survenues dans les conditions matérielles du globe, atteintes et précipitées dans le gouffre des révolutions antédiluviennes. Je montrerai ces formes remplacées insensiblement par d'autres, qui n'auraient pu s'accommoder de l'ancien ordre des choses, et qui sont venues continuer à leur tour toute cette couche d'organisation animale et végétale dont se compose la croûte du globe terrestre; parties changeantes et qui, à raison de leur mobilité extrême, sont à la surface de la terre et pour en constituer l'écorce, comme autant de rides toujours agissantes et constamment pleines de vie.

---

(1) J'emploie ici et j'ai déja employé le mot *téléosaurien* dans un sens plus étendu que celui de téléosaure (*teleosaurus*). Les téléosaures forment l'un des genres, et le plus remarquable sans doute, de la grande famille des *téléosauriens*, dans laquelle seront pareillement compris les sténéosaures (*steneosaurus*) et deux autres genres, que je ferai connaître plus tard.

TROISIÈME MÉMOIRE,

LU A L'ACADÉMIE ROYALE DES SCIENCES, LE 9 MAI 1831.

SUR

Des recherches faites dans les carrières du calcaire oolithique de Caen, ayant donné lieu à la découverte de plusieurs beaux échantillons et de nouvelles espèces de téléosaures.

PAR M. GEOFFROY SAINT-HILAIRE.

DANS le voyage que je viens de faire pour visiter les carrières de Caen, j'ai acquis un si grand nombre de documents sur les animaux fossiles de ce pays, et j'aurai à produire tant de faits particuliers, que je m'empresse de prévenir l'Académie que j'userai dans mes communications de la plus grande discrétion. Mais tout en voulant éviter de fatiguer l'attention, j'exprime le désir qu'on veuille bien entendre le précis de mes nouvelles recherches. Je viens de déposer sur le bureau plusieurs échantillons précieux et de fort beaux dessins faits sur les lieux et sous mes yeux. J'avais emmené pour me seconder dans mon excursion zoologique, M. Werner, peintre attaché au Muséum d'histoire naturelle. L'Académie pourra juger, sur le nombre de ces dessins et de ces échantillons, de l'étendue des nouvelles recherches : je me hâterai à mettre en état les rédactions devenues nécessaires.

Quand j'étais borné aux seuls matériaux dont j'avais la disposition il y a six mois, alors que j'avais déja tenté de donner une détermination rigoureuse des grands sauriens trouvés aux environs de Caen et jusqu'ici attribués au genre des crocodiles, on pouvait continuer d'appliquer l'ingénieuse comparaison que c'était là quelques médailles frustes propres à exercer notre sagacité, et qu'il fallait s'essayer à déchiffrer pour restaurer, et au besoin même pour reconstruire à neuf toutes ces anciennes compositions de la nature animale, successivement emportées par les dévorantes révolutions de la terre, ou peut-être seulement modifiées par d'insensibles changements. Mais au moyen de la riche moisson que je viens de faire, je suis vraiment dispensé de toute cette sagacité recommandée. La nature, plus libérale dans cette occasion qu'elle ne le fut jamais, ne s'est point tenue à ne nous livrer que des débris, pouvant laisser une si grande part au doute; ce sont des animaux entiers, non pas seulement appartenant à une espèce, mais à plusieurs, que je viens d'observer : là n'était pas uniquement des squelettes sans aucune partie dérangée, mais des êtres montrant de plus encore les pièces de leur système tégumentaire. Leur peau était formée d'écailles osseuses, pour la plupart imbriquées et distribuées en deux carapaces; l'une protégeant le dos, et l'autre plastronnant le ventre.

En octobre 1830, j'avais pu, sur le témoignage d'une certaine forme du canal cranio-respiratoire, comme sur la circonstance vraiment ichtyologique que révélait la disposition des écailles osseuses, m'abandonner aux conséquences de cette nouvelle manifestation des formes animales. En comprenant ce que toutes les parties d'un animal exigent d'accords pour que chacune en reçoive le principe de l'unité d'actions et de mouvements, j'avais admis qu'une conformation aussi nouvelle sur un point s'était nécessairement propagée telle dans toutes les autres parties non encore étudiées. Ainsi s'était faite mon opinion que j'avais eu sous les yeux un animal marin et non plus un crocodile des fleuves; d'où ce pressentiment que je ne me fis pas difficulté de produire, savoir: que les pieds qui n'avaient point encore été retrouvés seraient reconnus disposés et habiles à fonctionner comme une nageoire. On verra plus bas que ma présomption d'alors est un fait présentement à peu près acquis.

Mes recherches auront pour résultat d'établir que les grands sauriens des bancs oolithiques qui entourent la ville de Caen, attribués jusque-là au crocodile, n'ont point vécu à la manière des amphibies, tantôt à terre et tantôt dans des rivières ou des lacs d'eau douce. Animaux de la mer, aussi bien que les *ichtyosaurus*, et contemporains des cornes d'ammon, des gryphées, des nautiles et généralement de ces coquilles marines dites les ammonées, dont les dépouilles constituent l'un des plus anciens et des plus importants dépôts dans la mer et par la mer, ils forment, pour ce qui s'est conservé d'eux, et ils sont une partie de ces mêmes dépôts, aujourd'hui désignés sous le nom de terrain secondaire ou de formation jurassique. Ainsi ces grands sauriens vivaient dans un temps où très-probablement les crocodiles n'eussent pu respirer à l'aise, c'est-à-dire, n'auraient pu encore exister. Car nous ne devons pas perdre de vue, dans toutes ces recherches, le principe qu'il n'y a d'organisation animale possible que sous l'action et la toute-puissance du phénomène de la respiration, et que les animaux deviennent, par la répartition très-variable des fluides dont ils sont formés, ce que décide à leur égard la nature du milieu respiratoire.

Toutefois des faits où je désire répandre une vive lumière, et surtout de ceux que j'ai recueillis à Caen, je n'entends pas conclure qu'il n'existe nulle part de vrais crocodiles fossiles. Je m'en tiens à cette proposition : les grands sauriens de Caen, qu'on trouve dans le calcaire marin de la formation jurassique, diffèrent, zoologiquement parlant, du type crocodile. Intermédiaires entre les ichtyosaures et les crocodiles, ils ont commencé d'être, lorsque allaient disparaître les ichtyosaures : on les trouve encore mêlés dans le même terrain. Or c'est ce qui n'est pas quant aux crocodiles ; car pour retrouver de ces animaux à l'état fossile, il faut les aller observer dans des terrains de troisième formation ; là où se rencontrent ces genres, parmi lesquels une partie des espèces sont aujourd'hui vivantes et quelques autres entièrement perdues ; tels sont les éléphants, les rhinocéros et tant d'autres animaux, dont quelques-uns n'existent plus, quand des espèces du même genre ont pu toutefois, en se modifiant faiblement, accepter des conditions jusque-là différentes pour elles de notre actuel monde ambiant.

Ainsi ce sont de vrais crocodiles dans l'état fossile que les grands sauriens que l'on a trouvés dans les plâtrières de Montmartre, dans l'argile plastique d'Auteuil, dans la craie de Meudon, dans les marnières d'Argenton, dans le gravier de Castelnaudary, dans les lignites de la Provence, au Mans et à Brent-fort. Leur forme les rapproche des crocodiles à court museau ou des caïmans. Mais quant à nos crocodiliens fossiles qui se distinguent par un bec effilé, comme est le long museau des gavials, ils sont d'une famille plus reculée dans les périodes séculaires ou âges du monde : l'objet de ces Mémoires est de démontrer qu'il les faut rapporter à un type différent et nouveau, au type *téléosaurien*.

Ainsi appartiennent à ce type, qu'il faut déja subdiviser en plusieurs genres, le gavial de Monheim décrit par Sœmmering, celui de Collini reproduit par Faujas, les gavials du Havre et d'Honfleur, ceux de Bauder, d'Hugi, etc., le prétendu crocodile fossile du cabinet de Genève, celui des environs de Boll dans le Wurtemberg, et enfin tous les sauriens du calcaire oolithique de la Basse-Normandie.

Alors, ces rectifications faites et ce nouvel ordre introduit, c'est-à-dire chaque animal se trouvant restitué à sa période séculaire, comme en même temps replacé à son rang zoologique, ce ne sera plus *une chose remarquable*, comme on l'a dit, une objection sérieuse et fâcheuse, que *la présence d'un être éminemment d'eau douce, tel que le crocodile, dans les couches de la formation du Jura* (1). Mais tout au

---

(1) Cette observation (Oss. foss. t. V, part. II, p. 142) précède de quelques paragraphes le passage transcrit ci-après, au sujet des terrains contenant les sauriens fossiles de la Basse-Normandie. Ces terrains sont plus anciens que la masse immense de craie qui repose sur eux, et qui, s'élevant en falaises de cinq et six cents pieds de hauteur, forme tout le pays de Caux, une partie du pays d'Auge, et s'étend en Picardie, en Champagne et dans tout le sud-est de l'Angleterre. « Les os qui s'y trouvent appartiennent donc à des couches bien antérieures à celles qui recèlent les os de « quadrupèdes, même les plus anciens, comme sont nos gypses des envi-« rons de Paris, puisque ces gypses reposent sur le calcaire coquillier le « plus commun, lequel repose lui-même sur la craie. »

Ainsi les caïmans fossiles mêlés au gypse de Montmartre, peuvent être apportés en preuve que des crocodiles avaient eu le temps d'apparaître et

contraire, la généralité qui était démentie dans la remarque précédente, reparaît dégagée d'une de nos erreurs, pour offrir son caractère philosophique aussi bien à l'histoire naturelle des animaux qu'à celle des couches de la terre.

Cependant la famille téléosaurienne se composait-elle, sous le point de vue des habitudes, d'animaux de pleine mer ou d'espèces littorales? Je puis aborder cette question, entendant toutefois la traiter restreinte à l'une des espèces de Caen : car je soupçonne que le *crocodilus priscus* ou le gavial de Sœmmering, bien qu'il appartienne par les conditions d'organisation les plus générales au type téléosaurien, n'est toutefois, ni un vrai *téléosaurus*, ni un *sténéosaurus :* il renfermerait ainsi les éléments d'un nouveau genre à former (1).

Mon excellent ami, et sur les lieux, mon savant collaborateur le professeur Eudes Deslongchamps a trouvé mêlés aux ossements d'un téléosaure des cristaux, dont il n'y a de semblables qu'à d'assez grandes distances du calcaire de Caen. Ces cristaux qui consistaient dans une demi-douzaine de fragments, et qui ensemble pesaient un peu moins d'un kilogramme, sont : 1° Des portions de quartz dont les angles et les bords sont usés ou abattus, non point toutefois autant que dans les pierres dites cailloux roulés : 2° un assez fort et assez gros cristal de feld-spath dont les bords sont également usés, mais moins que ceux des cristaux de quartz. Trouvés mêlés avec des os de téléosaure au sein de

---

même de subir en France le degré de modifications qu'annonce leur caractère d'espèces perdues, pendant et depuis la constitution des terrains tertiaires.

(1) *Palæsaurus* est la traduction littérale du nom adopté par Sœmmering.

la roche calcaire, ils y paraissent, non pas comme une chose formée sur place, mais avec le caractère d'un hors-d'œuvre apporté d'ailleurs. J'ai visité les carrières qui enceignent la ville de Caen, carrières nommées Allemagne, Vaucelles et Maladrerie : j'ai écouté les ouvriers carriers parlant de leurs mines d'exploitation : avec eux j'ai remarqué des *coups de sabre ;* c'est le nom qu'ils donnent à des veines creuses, lancéolées, qui vicient la pierre en quelques places. J'ai également avec eux remarqué de longs tuyaux siliceux qu'ils appelent *broquettes,* sous-entendant par là le pénis humain, dont ils ont changé le nom par décence : aussi les ouvriers appellent-ils leur banc en exploitation *le banc à broquettes.* La géologie connaît ces tiges siliceuses et sait en expliquer la formation.

Ceci témoigne seulement de la situation insolite de ces pierres d'origine granitique au sein d'une roche calcaire. Ces pierres de quartz et de feld-spath sont donc choses transportées là d'ailleurs. Mais qui aurait opéré ce transport ? un animal sans doute, et nécessairement un animal qui aura vécu dans la contrée et à l'époque reculée, où les hauts bancs calcaires du pourtour de Caen se sont formés. Or on trouve précisément enfouies à cette même place, les dépouilles d'un animal, auquel ces données conviennent. Cependant nous laisserons-nous amener à la supposition que cet animal, notre téléosaure, tenait, surpris par la mort, de ces pierres renfermées en lui-même ? Mais il faudra encore admettre qu'il s'en sera emparé au loin, vers des plages granitiques. J'épuise cette série de conjectures, en présumant que les téléosaures avalaient des pierres, comme beaucoup d'animaux d'aujourd'hui, qui en garnissent leur estomac.

Il n'y a, qui agissent ainsi, que les espèces qui vivent d'herbes ou de graines, forcées qu'elles sont de recourir à ces moyens auxiliaires pour entamer et dilacérer les aliments privés de trituration dans les premières voies. La présence de pierres granitiques au milieu d'ossements téléosauriens, et au sein d'un haut plateau calcaire, fournit-elle un indice suffisant pour faire croire qu'un téléosaure les aurait là transportées? Si ce point était admis, nous ne nous refuserions pas à croire et à conclure alors, que le téléosaure vivait à la manière du lamantin, et qu'il ne s'éloignait jamais beaucoup des côtes.

Les pieds nous manquent toujours, sauf pourtant un renseignement qui nous est fourni par le *sténéosaure aux longs maxillaires* (1), et ce renseignement lui-même est incomplet, peut-être même problématique. Le bloc du cabinet de la ville de Caen qui contient l'empreinte de tout le squelette de ce sténéosaure, montre le moule d'une phalange onguéale des pieds postérieurs. Cette empreinte avait contenu un os plat, terminé par un bord arrondi, comme est la phalange onguéale du dugong. Toutefois, cette circonstance du rapport de cette forme me laisserait, et me laisse toujours à désirer. La pièce, toutes choses égales d'ailleurs, était triple des parties latérales : de simples filets grêles se voyaient à côté. N'y avait-il là qu'un doigt médian d'une grandeur démesurée, accompagné de phalanges latérales, sacrifiées et rudimentaires? Cette conformation rappellerait à quelques égards le pied du cheval, et dans sa façon serait d'ailleurs

(1) La détermination de cette espèce, aidée de fort belles gravures, sera donnée plus tard.

aussi favorablement disposée pour la natation que l'est le sabot du cheval pour la marche. Cet état de choses est si contraire à l'analogie que je m'y fie peu, et que je n'en parle que comme d'un fait qui n'est qu'entrevu.

Cependant, qu'y aurait-il là de plus extraordinaire que ce dont nous sommes journellement les témoins? Afin d'avoir à s'étonner moins de ce que les pieds de derrière des sténéosaures seraient terminés par une spatule osseuse de la forme d'une queue de castor, supposez des naturalistes qui n'auraient jamais connu la jambe d'un solipède. L'Amérique et l'Australie étaient privées de ces animaux avant qu'il s'y en trouvât par la communication et la fréquentation des Européens. Or, soyons attentifs à ceci : quoi, en effet, de plus singulier que l'organisation du pied d'un cheval? Pour la société européenne, c'est un fait vulgaire; mais pour la philosophie qui se soustrait à l'empire et aux préjugés de l'habitude et qui estime à sa valeur une exception échappant à la règle, une telle anomalie reste un fait grave et digne de méditation

Au surplus, je saurai bientôt à quoi m'en tenir sur ces pieds de sténéosaure, tellement singuliers que je n'admets l'empreinte où ils sont tracés que comme un document problématique. Une impulsion pour de telles recherches est donnée : des hommes de cœur et de savoir (1), qui m'accordent leur amitié et qui m'ont promis leurs soins, se proposent cette découverte; ils n'y épargneront ni argent ni études. Les ouvriers des carrières, suffisamment prévenus et bien

(1) MM. Tesson et Abel-Vautier, encouragés et dirigés par mon savant et dévoué collaborateur, M. le professeur Eudes Deslongchamps.

encouragés, ont confiance dans une certaine partie de la roche, où ils n'arriveront qu'après avoir débité quelques lits supérieurs.

Faut-il s'attendre à des pieds semblables chez nos deux genres de sauriens fossiles? j'en doute, et je crois effectivement à quelque différence sur l'extrême différence de leur museau. Tous deux sont à bec effilé comme les gavials, mais leurs narines antérieures sont autrement disposées et conformées : les sténéosaures répètent assez bien l'arrangement que montrent à cet égard les gavials. Les narines y sont ouvertes supérieurement, et les intermaxillaires qui se développent autour, chacun en demi-cercle, leur fournissent un bord évasé, mais sans relief sensible. Les narines des téléosaures sont au contraire tout-à-fait antérieures et terminales: on les croirait le produit d'une section verticale, si ce n'était un cordonnet saillant qui en régularise les bords. Cette organisation forme un fait nouveau eu égard à ce que nous savons des formes animales. Toutefois, s'il fallait la rapprocher de quelque chose déjà connu, ce serait des animaux à groin. Les téléosaures portaient-ils, par delà, une trompe comme la taupe et les musaraignes?

Dans mes précédents Mémoires j'ai insisté sur le caractère des dents qui, dans les téléosaures, sont grêles et déjetées latéralement : les dents des sténéosaures diffèrent peu de celles des gavials.

De toutes ces différences peut-on déja conclure à un régime diététique distinct, et, par exemple, tenir les sténéosaures pour des animaux qui ont vécu de proie vivante, quand les téléosaures auraient été soumis à une nourriture végétale, faisant usage d'algues et de végétaux sous-marins?

Je passe aux applications dont je crois les présentes recherches susceptibles.

1° *Applications à la zoologie.*

Les téléosauriens composés de deux à trois genres et d'un quatrième entièrement nouveau (*cystosaurus*), forment donc une nouvelle famille à introduire dans les cadres des classifications zoologiques. Or un sous-ordre tout entier à produire profite à la science des deux manières suivantes : d'abord en nous faisant connaître de curieuses combinaisons organiques encore ignorées, et en second lieu, en devenant pour nos séries zoologiques un précieux anneau de jonction. Des théoriciens avaient déjà remarqué l'isolement des crocodiles : ils y voyaient une lacune qu'ils s'attendaient, qu'ils aspiraient du moins à voir remplir. J'ai déjà eu occasion de remarquer comment M. de Blainville, fort de cette vue d'avenir, avait préparé les voies de ce perfectionnement. Je rappelle que ce savant académicien ne vit point les crocodiles uniquement comme un grand genre susceptible de division, et que, les tenant pour très-éloignés des autres reptiles, il proposa son ordre nouveau des *émydo-sauriens*. Ce sentiment zoologique est aujourd'hui entièrement justifié par les faits : il reçoit sa pleine sanction des découvertes modernes, dans ce sens que le nom de cet ordre nouvellement institué ne paraît pas superflu, comme alors qu'il s'appliquait à l'unique genre des crocodiles. Car ce n'est point seulement un nom de plus qui est importé dans les classifications, puisqu'il indique tout à la fois un rapport vrai et profond, et qu'il devient, en s'étendant à plusieurs combinaisons organiques, l'objet d'un utile perfectionnement pour nos méthodes.

L'ordre des émydo-sauriens ne se bornera même point sans doute à deux types principaux, aux familles téléosaurienne et crocodilienne : de grands ossements fossiles, trouvés dans les Pampas de l'Amérique du Sud, me paraissent des éléments pour un troisième type, qui tiendra le milieu entre le groupe des *téléosaurus* et *sténéosaurus* d'une part, et celui des gavials et crocodiles proprement dits de l'autre. Depuis plusieurs années, le curé de Monte-Video, don Larranaga, promettait un mémoire sur ces ossements qu'il rapportait à la peau écailleuse des tatous et spécialement à des carapaces de mégathérium. Damasio Larranaga n'avait eu, pour se décider sur ce rapport, que la simultanéité de ces grands débris et des os du mégathérium dans l'état fossile, la découverte qu'on en avait faite dans des contrées voisines, et la convenance de dimensions correspondantes. Ces productions fossiles commencent à se répandre : plusieurs amateurs à Rio-Janeiro en possèdent, qu'on a trouvées à d'assez grandes distances. Mais décidément le monde savant est enfin appelé à les connaître. Un voyageur naturaliste, M. Sellow, en a déposé de fort beaux échantillons dans les cabinets de Berlin, et le savant géologue M. Weiss vient de les publier et d'en enrichir le dernier volume des Mémoires de l'Académie de Berlin, portant le millésime 1830. C'est dans cinq pages in-fol. que sont gravés avec le plus grand soin, et de grandeur naturelle, ces précieux fossiles annoncés depuis long-temps, et pris jusque-là pour des carapaces de *mégathérium* ou de tatous : notre célèbre confrère M. de Humboldt désirant que toute incertitude à cet égard vienne à cesser, a bien voulu me promettre sa gracieuse intervention, pour que des plâtres répétant ces fossiles fussent prochainement adressés à Paris, et y pussent être comparés avec les carapaces des téléosaures. Lorsque arrivera le moment que ces débris organiques devront être dénommés et classés, l'on décidera si le nom de *lepitherium*, c'est-à-dire animal aux écailles remarquables, convient dans la situation donnée.

Le tableau suivant donne la classification qui se déduit des rapports ci-dessus indiqués.

ORDRE I.	ÉMYDO-SAURIENS...	A. *Téléosauriens.*
		B. *Lépithériens.*
		C. *Crocodiliens.*

Et déjà ma nouvelle famille des reptiles téléosauriens, se trouve présentement composée des quatre genres ci-après :

1. *Cystosaurus.* 2. *Steneosaurus.* 3. *Palœosaurus.* 4. *Teleosaurus.*

2° *Application des présentes recherches à la géologie.*

Les espèces téléosauriennes étant distinguées et érigées en famille, d'après les règles de la zoologie, l'on trouve que ce ne sont plus des sauriens, qui appartiennent, comme on l'a cru et dit jusqu'à présent, à des genres mixtes, en partie composés d'animaux perdus et en partie d'espèces encore vivantes : ajoutons que cette famille tout entière fait partie de ces très-anciens dépôts marins caractérisés par la présence des ammonées. A l'existence de ces mollusques se rattache l'une des plus anciennes époques des âges de la terre. Or c'est parmi leurs dépouilles, ce fut dans le même temps et dans les mêmes milieux que se sont aussi déposés, amoncelés et associés en bancs pierreux, les squelettes de nos téléosauriens ; animaux vertébrés, n'ayant que des rapports assez éloignés avec les crocodiliens, dont on peut dire que la respiration fût demeurée insuffisante, malgré de grands sacs pulmonaires (1), sans le secours d'un autre appareil complétif.

---

(1) Cette phrase où je voulais de la concision, a paru obscure, faute d'avoir été étendue à une complète explication : j'y vais pourvoir.

Ce qui chez la plupart des reptiles existe sous la forme de longs sacs dits pulmonaires, et que l'usage, se fondant sur une analogie entendue d'une certaine façon, a décidément fait nommer *poumons*, pourrait être, en invoquant l'analogie embrassée sous un autre point de vue, tout aussi bien appelé une vaste trachée. Et en effet le sac membraneux qui chez ces animaux est logé dans la poitrine et qui n'offre qu'une petite partie de ses parois intérieures en surface sanguine, ne diffère guère d'une cellule trachéenne que par son volume porté au plus haut point du développement. Or c'est un même appareil, analogiquement parlant, que l'on trouve répandu dans l'abdomen chez les deux plus excentriques des familles de reptiles, celles qui ont l'os tympanique fixé au crâne, les tortues et les crocodiles. De jeunes naturalistes, Isidore Geoffroy Saint-Hilaire et Joseph Martin de Saint-Ange, nous ont procuré la connaissance de ce second appareil par la découverte fort importante qu'ils ont faite de deux canaux chez ces tortues et ces crocodiles. Ces canaux commencent à la marge de l'anus et amènent les fluides ambiants, l'air ou l'eau, sur les irradiations sanguines qui tapissent le péritoine. Ainsi des cellules respiratoires ou des trachées, placées à la périphérie du corps, sont comme apparition et développement un premier fait de construction animale : de telles cellules, gagnant plus profondément de la circonférence au centre, sont le fait immédiatement subséquent; et enfin des poches sanguines deviennent un troisième et dernier effort de la nature pour doter les animaux des facultés respiratoires, quand ces poches arrivent à se localiser, s'individualiser et recevoir sur un point concentré du concours de plusieurs appareils subordonnés plus d'énergie et de puissance.

Cependant il restait à descendre de ces hautes considérations sur une circonstance particulière et vraiment très-remarquable : les jeunes natura-

Aucun de ces anciens animaux n'a d'espèces analogues aujourd'hui dans l'état vivant.

Cette généralité, résultat de l'érection légitime du type téléosaurien en une famille, va donc devenir le sujet d'un principe nouveau pour la géologie. Cette distinction est fondamentale; car elle engagera, après une exacte détermination de tous les degrés organiques, à se servir des conditions propres à chaque ensemble des animaux perdus pour une chronologie vraiment sévère des âges de la terre. Je me borne pour le moment, et à titre d'exemple, à caractériser trois périodes parfaitement tranchées et vraiment tout-à-fait bien limitées, savoir :

Premièrement. La période dont la durée est renfermée entre la naissance et l'extinction de ceux des sauriens qui n'ont aucun analogue vivant parmi les espèces aujourd'hui vivantes. Ces animaux ont vécu avec les gryphées, les nautiles et tous les mollusques des premiers temps de la zoologie, desquels de Lamarck a fait sa grande famille des ammonées. Ces vertébrés et ces mollusques ont leurs dépouilles mêlées ensemble, et forment aujourd'hui une des couches solides les plus anciennes de la terre, et en particulier celle dite *le terrain secondaire.* L'on ne trouve ainsi dans ce terrain aucun

---

listes précédemment nommés ont effectivement trouvé que vers le milieu de la progression des développements organiques sont deux organes respiratoires, adossés l'un à l'autre, occupant chacun sa cavité propre, puisant dans le milieu ambiant à chaque extrémité du tronc par un orifice particulier, et pouvant par rapport aux fonctions agir de concert ou séparément, et alterner dans ce dernier cas et se suppléer réciproquement suivant les circonstances.

animal à poumon de mammifère; par conséquent, c'était d'autres espèces que celles de notre monde actuel, d'autres formes que réalisait le système organique d'alors: et il le faut bien, dès qu'alors c'était un autre monde ambiant qui s'y appliquait, un autre monde par la nature différente des agents physiques et des milieux, dont le concours est indispensable et entre comme éléments dans toute chose organisée. Il est inévitable d'admettre ces résultats; ils sortent des faits. Car un animal à sang chaud aurait-il été alors produit par une sorte de méprise, et, ainsi que nous le disons familièrement, par suite d'un cas de monstruosité, il n'aurait apparu que pour un moment, que pour s'éteindre aussitôt; ce qui advient effectivement aux êtres du système de notre actuelle monstruosité; constructions animales possibles pour leur monde utérin, possibles dans leur gangue de formation, mais qui disparaissent, dès qu'elles sont lancées dans le monde atmosphérique, comme il existe présentement. Un poumon établi comme celui des mammifères et des oiseaux, n'eût point été adapté à l'essence de l'élément respiratoire, tel que je conçois qu'était autrefois le système de l'air ambiant.

Ainsi, on n'en est pas réduit à admettre gratuitement l'hypothèse d'une modification survenue plus tard dans la nature de l'air, l'atmosphère étant considérée comme milieu respirable, à croire sans preuves à une diminution dans la quantité, à un affaiblissement dans la qualité énergique de l'un et du plus important principe de l'atmosphère, l'oxigène. Combien d'étendue superficielle formant la croûte de la terre, combien de montagnes sous-marines sont le produit des dépouilles des animaux! Or, à l'égard de ces dépouilles dont la chaux fait la principale substance, que d'oxigène absorbé et successivement retiré des milieux ambiants? Qu'on veuille réfléchir à ce qui en a été employé pour saturer le calcium développé par l'organisation vitale, pour convertir en terre cet élément combustible. Tout ceci, quand nos études embrasseront les faits naturels par ce côté, sera examiné et sans doute soumis au calcul.

Secondement. La durée de la seconde période, que nous pourrions nommer de *moyen-âge,* embrasse l'existence de tous les animaux perdus, caractérisés par leurs formes encore extraordinaires, moins singulières cependant que celles des espèces de l'âge antérieur. Un phénomène de transition annonce cette époque : car partout s'y manifestent les indices d'une forme animale s'altérant ou se modifiant insensiblement. Ces animaux, toujours fort remarquables, et qui ont fait dire aux Romains par rapport à ceux qu'ils tiraient d'Afrique, *Africa ferat monstris,* se trouvent, conservés à notre âge comme dépouilles fossiles et à titre d'espèces perdues, dans les terrains tertiaires : tels sont les éléphants, les rhinocéros, les lamantins, etc., etc. Ce système organique n'est pas tellement anéanti par rapport à l'âge actuel, qu'il ne se voie reproduit, non pas il est vrai par des espèces exactement identiques, mais par des êtres si voisins que nous les disons du même genre, et que nous ne prononçons ainsi, qu'amenés à le faire par les règles de la zoologie. Cela ne va rien moins qu'à nous convaincre que ce sont ces mêmes espèces des terrains tertiaires, qui nous seraient parvenues, mais légèrement modifiées : elles auraient cédé à l'action du monde ambiant. Dans ce monde du *moyen âge*, ce sont des espèces à respiration pulmonaire qui ont pu s'accommoder (1) des nouvelles conditions de l'atmosphère. Que les modifications des milieux ambiants aient persévéré dans la même direction et soient dans le moyen âge un moment devenues plus intenses, les cellules pulmonaires s'en seront ressenties. De là une légère altération dans leur forme, laquelle ne peut se manifester ainsi, sans se propager de proche en proche dans tout le reste de l'organisation.

Troisièmement. Enfin, nous comprenons dans une dernière période l'âge suivant, s'appliquant aux arrangements du monde présentement constitué, dont nous fixons le commencement à la naissance des animaux qui n'ont point d'analogues parmi les ossements trouvés fossiles : l'espèce humaine est dans ce cas.

Ce n'est point un Mémoire sur ces graves questions de géologie que j'ai voulu présenter ici : ce sujet terminera mes recherches sur les animaux fossiles. Ici donc ne sont que des aperçus, de premières idées qui ont besoin d'être élaborées. Je n'ai voulu, en les produisant aujourd'hui, que montrer le parti qu'on pourra un jour tirer de mes nouvelles observations au sujet des ossements fossiles : je m'y dévoue en raison de cette utilité. Plus de faits particuliers seront établis,

---

(1) Difficilement, et par un travail contrarié dans une certaine étendue. C'en est assez pour que, les êtres étant successivement le produit d'une situation atmosphérique antérieure et différente, ces combinaisons nous donnent leurs faits d'abord modifiés d'une façon, pour l'être ensuite d'une autre, c'est-à-dire sous les influences qui résultent de la position nouvelle et actuelle des choses.

et plus de certitude auront mes conclusions d'après leur signification. Voilà ce qui explique le grand nombre de dessins que je présente, et l'étendue des moyens matériels que je crois nécessaire au succès de mon entreprise. J'espère y suffire par les gravures que je vais faire exécuter et que je destine, elles et tous mes travaux, au recueil des Mémoires de l'Académie.

ERRATUM.

Au lieu de *Palœsaurus*, en la dernière ligne de la page 48, LISEZ *Palœosaurus*.

QUATRIÈME MÉMOIRE,

LU A L'ACADÉMIE ROYALE DES SCIENCES, LE 28 MARS 1831,

SUR

Le degré d'influence du monde ambiant pour modifier les formes animales ; question intéressant l'origine des espèces téléosauriennes et successivement celle des animaux de l'époque actuelle.

AFIN de continuer mes recherches sur les animaux antédiluviens du calcaire de Caen, j'allais considérer à part le flanc du crâne des crocodiles et des reptiles téléosauriens, et y procéder par un tableau très-curieux de nouveaux faits ostéologiques. Or, ce sujet exigeait, pour que je fusse compris, que je reprisse les choses de haut, et, par conséquent, que j'entrasse dans de nombreux détails. Cependant il fallait établir que tant de détails étaient nécessaires, et j'entrepris de le démontrer dans un exorde. En définitive, il arriva que cet exorde s'étendit et qu'il reçut du grand nombre de réflexions et de déductions qui se sont présentées à mon esprit, le caractère d'un écrit spécial. Ce morceau séparé, je le publie ici, à sa date et dans son lieu, selon l'ordre et l'enchaînement de mes idées.

ARTICLE Ier.

Précis historique.

Il est dans les sciences, après chaque époque parcourue, un moment d'hésitation, quelquefois même d'épuisement, qui force de recourir à de nouveaux procédés. L'on se défend alors de la direction des hommes qui tiennent le gouvernail, s'ils recommandent une extrême réserve. On se met en garde contre le calcul habile qui inspire de se fixer à ce qui est plus facile et bien plus à profit, aux anciennes allures. Où l'on n'a qu'à étendre les idées dominantes, l'on n'est point responsable de se borner à des faits sans résultat philosophique; c'est suivre l'usage, et mieux, c'est se ménager les moyens d'être bien compris et, conséquemment, très-goûté.

Mais, au contraire, que l'on pense à remettre les sciences dans un mouvement ascendant, il faut se résigner aux inconvénients d'une position difficile. Il est inévitable de parler au public de ce qu'il ignore, de ce qui n'est point encore arrivé à sa portée sous quelques rapports, et l'on est exposé à être jugé avec une extrême sévérité. Toutefois, cette crainte n'a jamais arrêté un novateur à la fois consciencieux et bien convaincu. On peut, quant à cela, s'en rapporter aux facultés progressives et aux besoins instinctifs de l'esprit humain. Seulement, non moins de prudence que de dévouement et de courage dirigent le zèle.

Voulant recourir aujourd'hui à cette prudence et disposer à m'accorder quelque attention, je n'entrerai dans mon sujet, la recherche du caractère philosophique des différences zoologiques, qu'après avoir montré qu'il était utile de s'en occuper actuellement. Je ne le puis que par un exposé de l'état de la science. Je serai court; car il doit suffire de donner, en les distinguant par époques et par une simple indication, les divers développements jusqu'ici parcourus par la zoologie.

Première époque. La zoologie commence avec le besoin et pour satisfaire au besoin qu'éprouve l'homme de connaître les animaux qu'il doit fuir ou rechercher.

Deuxième époque. Elle devient déja un corps de doctrine, quand un vif désir de curiosité, animant les recherches, porte à se rendre compte de la diversité des formes, sous lesquelles la vie se trouve produite.

Troisième époque. A ce moment, des signes caractéristiques sont nécessaires, recueillis et enseignés.

Quatrième époque. Le dénombrement des richesses naturelles la constitue, quand est réalisée la gigantesque entreprise de considérer une à une chaque existence matérielle. La zoologie s'appuie sur de nouveaux fondements: car on ne dresse d'inventaire complet et raisonné que de ce que l'on a déja placé dans sa possession.

Cinquième époque. Les travaux de nomenclature, de descriptions et de classifications mis en demeure, la zoologie grandit dans le perfectionnement scientifique par de hautes considérations sur les rapports et les différences des êtres. Alors commence pour elle l'ère des études philosophiques par l'appréciation en eux-mêmes et pour eux-mêmes des *rapports naturels*.

Sixième époque. Cependant il fallait faire sortir ces études d'une voie de tâtonnements et de vues *à priori,* qui avaient puisé leur origine dans un sentiment vif d'abord et plus ou moins négligé dernièrement, c'est-à-dire que l'on dut enfin rechercher ce qu'il pouvait y avoir d'exact et de précis dans l'idée vague et diversement comprise d'un fond commun d'organisation pour les êtres. Et en effet, ce qui n'avait encore été aperçu que dans l'ensemble des animaux et dans le cercle borné d'un nombre quelconque de familles, fut de nos jours examiné à l'égard de chaque partie organique. Par conséquent ce n'est plus une opinion pressentie, c'est véritablement la déduction d'études nombreuses et de réflexions approfondies, cimentées par le caractère de faits nécessaires, alors que l'*Unité de composition organique,* proclamée comme le fait fondamental et universel de l'organisation, vient ouvrir la sixième période.

Septième époque. Cependant ce ne saurait être le terme ni des efforts, ni des développements de la zoologie. Une autre époque doit suivre; car que l'on échappe à une obsession incessamment renouvelée, que l'on se défende obstinément des stériles impressions qu'excite en nous le spectacle des formes diversifiées à l'infini, on s'est alors préparé à embrasser dans un but final les diverses combinaisons sur lesquelles reposent les hautes abstractions et les généralités d'une autre et septième époque. En effet la zoologie est réservée à d'autres destinées : voyez-la capable d'un nouveau perfectionnement, quand, s'occupant de la considération des formes diversifiées des êtres, elle n'est plus uniquement sensible à la remarque que ces formes sont pour chaque corps un fait d'accident, une circonstance purement spéciale, mais qu'elle prend le soin d'en rattacher l'étude aux vues théoriques de l'unité d'organisation. Les faits différentiels ne sauraient constituer plus long-temps un cas particulier et sans liaison dans l'univers, un sujet uniquement pratique et de ressource pour caractériser les êtres, une occasion enfin de s'en tenir à admirer dans quelle mesure s'étendent les conditions de la diversité.

Ainsi, la philosophie des rapports naturels avait donné ses faits et comme préparé des éléments à celle de l'analogie des êtres; à son tour celle-ci, qui repose sur la considération des faits de l'échelle zoologique, tous ramenés à une commune essence, devient le point de départ du système philosophique des différences, c'est-à-dire d'une étude, où tout cas différentiel s'en va chercher un second principe de causalité; non plus comme d'abord dans l'état conditionnel et spécial des premiers arrangements de la substance organique, mais décidément dans le ressort ou l'étendue d'action du monde ambiant. Les qualités intrinsèques de la matière à l'égard d'un produit organique quelconque, soit A, je suppose, deviennent les conditions d'essence d'un plan ou type général; mais arrivant le moment et le travail des développements, et A retombe aux conditions nouvelles d'une seconde nécessité causale, puisqu'il ne peut croître et se développer qu'au moyen d'éléments incessamment empruntés à son monde ambiant.

Article II.

Des produits organiques systématiquement modifiés au gré des changements des milieux ambiants.

Admettons d'abord, par hypothèse, que le milieu ambiant forme un ensemble de parties, où chacune se maintienne constamment à sa place accoutumée. Notre corps A pourvoira à son développement par un exercice simple et facile de l'affinité élective de ses éléments; car il lui sera loisible, cédant à la loi d'*attraction de soi pour soi* (1), de puiser parmi les parties moléculaires de son monde ambiant celles qui sont à sa convenance. Point de difficultés, par conséquent, pour que les matériaux empruntés viennent se confondre par assimilation aux organes du sujet A, et par conséquent pour que ce cours d'événements n'amène un développement constamment régulier.

Mais à la place de cette hypothèse, nous rencontrons une réalité exactement contraire : le milieu ambiant varie ; le froid succède au chaud, l'humidité à la sécheresse; les gaz légers de l'atmosphère sont remplacés par de plus pesants, l'agitation de l'air par du calme. Une lutte naît d'un pareil concours de circonstances. Le développement de A en est nécessairement plus ou moins troublé, ou, si l'on veut, plus ou moins favorisé.

Voilà ce qu'un cultivateur sait par expérience en faisant chaque année la récolte de ses jardins. Tout l'ensemble des

---

(1) Loi que j'ai reconnue et établie dans mon article *Monstre*, du Dictionnaire classique d'histoire naturelle.

arbres fruitiers d'un verger forme une masse d'êtres organisés, appelés à donner des produits parfaitement identiques; mais cette aptitude est toutefois contrariée par les influences variables du monde extérieur, de telle sorte que des mêmes poiriers, par exemple, l'on retire tantôt des fruits très-sucrés, gros et sans tache, et tantôt des poires aigres, petites et pierreuses. L'on ne manque point d'attribuer la cause de ces différences aux alternatives du cours variable des saisons; et l'on y est fondé, bien qu'il soit regrettable que l'on se contente d'une explication aussi vague et par trop générale.

Il suffit de cet exemple, non pas seulement pour donner une idée de ce qu'est le monde ambiant sous le rapport de sa capacité de résistance, mais pour montrer de plus dans quelles sources multipliées d'influences secondaires, il puise un principe à opposer aux influences primitives de l'essence de chaque type. Ce pouvoir distinct de réactions et de modifications qui, sans dépasser une mesure quelconque, est toutefois susceptible de porter le trouble dans un germe opérant sa formation, et d'en contrarier le développement pendant la vie embryonnaire, le moment est enfin venu d'en constater l'existence, et de mettre en évidence qu'il est deux sortes de faits différentiels à étudier dans l'organisation, 1° ceux qui appartiennent à l'essence des germes, et 2° ceux qui proviennent de l'intervention du monde extérieur.

Ainsi sont, pour les corps naturels en développement, deux principes dans une lutte perpétuelle; et c'est sans doute ce que comprenait et ce que voulait exprimer le célèbre philosophe Leibnitz, quand il définissait l'univers *l'unité dans la variété*. Mais ce n'est pas tout à coup que ces deux états ou attributs des choses ont pu être, en ce qui concerne les corps vivants, considérés distinctement et dans un commentaire utilement approfondi ; il a fallu qu'il y eût temps et heure à cet effet. La zoologie a dû d'abord passer du savoir de la cinquième époque pour prendre possession de nouveaux et d'autres moyens d'opérations au profit des suivantes. Mais ceci accompli, la zoologie se trouve dans toute la plénitude de ses facultés possibles; et suffisant alors à l'appréciation de l'état physiologique de toute chose organisée, elle peut aujourd'hui présenter à la philosophie une base de la plus grande portée, lui procurer les meilleurs, comme les plus précieux de ses documents, en tant qu'ils sont puisés dans le monde physique.

Article III.

Des faits différentiels considérés sous deux rapports distincts.

Ainsi les deux âges de la considération des faits différentiels ne sauraient être confondus; savoir, l'âge qui porte à les dire et à les montrer existants, et celui qui embrasse leur explication. On a vu que, pour le premier cas, il a suffi qu'on ait poursuivi dans leurs plus minutieux détails toutes les manifestations animales; ce qui a eu pour résultat d'abord des considérations profitables à la distinction et à la classification des êtres, et bientôt après, l'une des plus grandes satisfactions qui aient récompensé les ardents et persévérants efforts des naturalistes; c'est-à-dire, cette vue nouvelle de la science, que, du même fond d'organisation sortent les formes les plus disparates, les combinaisons les plus singulières, des arrangements enfin non moins admirables par une parfaite convenance dans l'exécution que par leur caractère d'une variation possible à l'infini.

Quant au second âge qui se rapporte aux explications à donner, je m'en suis long-temps abstenu, ayant voulu rester entièrement dévoué aux recherches de la période précédente, celle des considérations de l'analogie des êtres. Je devais surtout, dans une discussion solennelle, me défendre de mêler intempestivement les sujets de ces deux thèses distinctes : car autrement, je connais toute l'importance des études de la diversité, même bornées à des faits d'observation oculaire, bornées à ceux que nous avons signalés, en caractérisant notre quatrième période. Et en effet, sans les travaux de classifications et de déterminations, comment pouvoir suffire à poursuivre l'œuvre du savoir zoologique?

Mais aujourd'hui que la philosophie réclame la simultanéité de toutes les études zoologiques, j'arrive de moi-même aux faits différentiels, toutefois pour les voir de plus haut, pour compléter par eux les études de l'analogie des êtres : ce sera parcourir ce grand objet du centre à la circonférence; puis, de la circonférence au centre. C'est effectivement marcher à une haute solution des problèmes de l'organisation, que de ramener tous les rayons si multipliés et si différents de la diversité des êtres à la coïncidence des mêmes rapports : puis, reprenant toutes choses à leur source, que de passer d'une essence simple d'abord et plus tard gouvernée par un conflit d'affinités électives à des considérations complexes, et d'arriver à voir se former des groupes d'éléments de plus en plus diversifiés, et à produire définitivement, par une dissémination à l'infini de ces arrangements, tous les cas variés de la scène du monde; car la diversité croît dans une sorte de raison carrée, en même temps que croît le nombre des embranchements d'un même tronc générateur.

Maintenant, placés au commencement des recherches qui doivent composer notre septième époque pour la zoologie, dirons-nous que ce sera une chose simple que de pénétrer dans les faits radicaux du système différentiel? Non sans doute, puisque pour assigner à la multiple origine des différences leur cause particulière, à chaque différence son principe d'influence immédiate, il faudra changer ses moyens d'études selon le caractère de chaque sorte de diversité à reconnaître, c'est-à-dire dans une étendue incommensurable. Mais de plus, bien d'autres difficultés provoqueront notre sagacité, les révélations devant différer selon l'âge du sujet.

Article IV.

Des faits différentiels pour en rechercher le caractère philosophique.

Demandez à un animal adulte la raison de ses faits différentiels : vous saurez de lui qu'une différence n'est le plus souvent à son égard qu'une circonstance saisissable à titre d'une note distinctive; ce devient pour lors un caractère spécifique qu'on emploie et qu'on n'explique point. Que si tout au contraire vous ramenez vos recherches sur le travail de la métamorphose des premiers âges et sur les causes agissantes à ce moment critique, ce ne sera sans doute pas inutilement quant au point de vue philosophique.

Ainsi, par exemple, qu'il vous prenne l'idée de désirer

savoir à quoi tient la forme déprimée et semi-elliptique d'une tête de grenouille, et subséquemment à quoi se rapporte le caractère d'un crâne aussi large et aussi considérablement évidé, près et au-delà des os pariétaux, l'âge adulte vous laisse sans une réponse satisfaisante : vous restez, à l'égard de cette tête, observateur du fait et simple zoologiste, pour remarquer que telles sont les considérations distinctives de la famille des batraciens, différente en ce point de plusieurs autres familles de reptiles. Mais que vous remontiez au contraire très-haut dans les âges, vous apprendrez que les formes propres à cette tête proviennent d'un concours de circonstances qui ont cessé d'être. En effet, la grenouille fut d'abord un poisson dans son état de têtard ou de premier âge : participant à l'organisation ichtyologique, ses organes respiratoires se trouvent placés sous l'arrière-crâne : ils se composent de branchies dans un volume étendu : et comme les os de la région auriculaire ou de celle des opercules, en sont les parties recouvrantes, l'éloignement du point médian de ces os est un effet de la présence et du volume des branchies. Dans ce cas, les enveloppes dermiques de la tête et le système osseux subjacent qui en émane, prennent de moment en moment une consistance successivement plus forte : et en définitive toutes ces parties d'enveloppes doivent à cette consistance acquise de persévérer dans les faits d'écartement et de largeur que l'intercalation des branchies entre les opercules auriculaires a motivés. Ce résultat de persévérance après l'atrophie et l'entière disparition des branchies ne figurerait donc autrement dans le crâne d'une grenouille adulte que comme un effet sans cause ! car il est dans l'essence de l'organisation que toutes les parties de la périphérie du corps soient entraînées vers les régions centrales.

Qu'on veuille bien réfléchir au parti à tirer de cet exemple : ce sont des circonstances bonnes à employer parmi les faits de la quatrième époque, que celles d'un crâne large, évidé et semi-elliptique, tel qu'est celui de la grenouille, en tant que cela fournit des éléments ou un caractère excellent à employer dans les travaux de la détermination et de la classification des êtres ; mais d'ailleurs ces grandes différences tenaient comme en réserve pour les recherches de notre septième période zoologique, l'explication à donner de la forme insolite observée, la raison de cette disposition, où autrement l'on eût été tenté d'apercevoir un effet de négligence : car c'est quelque chose de cela qu'inspire, à la première vue, le désaccord inexplicable chez l'adulte des pleins et des vides de l'appareil crânien d'une grenouille.

Mais ce n'est pas seulement la possibilité et l'utilité de pareilles investigations que nous entendons recommander sous le titre de Système philosophique des faits différentiels; de plus hautes questions y chercheront aussi leurs solutions.

Et en effet, je ne doute pas qu'il n'en soit ainsi de la question actuellement mûre, savoir ; que les animaux vivants aujourd'hui proviennent, par une suite de générations et sans interruption, des animaux perdus du monde antédiluvien. Dans les faits différentiels qui sont produits de nos jours, un observateur attentif, eu égard à ceux du même rang anciennement accomplis, n'aperçoit pas de différence essentielle. C'est le même cours d'événements, la même marche d'excitation. Et pourquoi des différences essentielles, si toute association de molécules n'est possible que par l'exercice d'affinités électives d'un caractère inaltérable, s'il n'y a d'employables pour la formation des corps que des matériaux dont l'essence et les propriétés soient fixées de toute éternité?

Dans l'espoir d'aussi grands avantages, je ne me rendrai point difficile sur les moyens de les obtenir; ce sera avec tout le courage d'esprit alors nécessaire, que je souffrirai le blâme des esprits positifs; je veux dire des personnes qui se parent de cette qualification flatteuse, et qu'ils croient mériter, parce qu'ils ne sortent jamais des travaux purement oculaires et descriptifs. Je préviens toutefois que je suis prêt moi-même à signaler le danger des études que je recommande aujourd'hui. Et en effet, des pressentiments *à priori* peuvent être trop facilement admis par le naturaliste, et pris, par suite d'une fâcheuse confusion, pour des données complètes et des principes généraux; mais, d'un autre côté, il faut aussi que l'on se mette en garde contre le danger contraire, celui de placer sur la ligne d'un fâcheux *à priori* la conviction d'un esprit laborieux et méditatif qui a pris le temps de demander aux faits principaux leurs immédiates conséquences.

Est-ce seulement une idée *à priori*, ou bien la conséquence bien avérée de toutes mes recherches, que cette préoccupation de mon esprit, ou l'idée, qu'il faut placer au premier rang des excitations vitales le phénomène de la respiration? Je fais l'aveu qu'elle inspire et dirige toutes mes investigations. Par l'intervention de la respiration, tout se règle; par sa puissante exécution, tout se trouve en mesure d'une organisation parfaite. Car, par la respiration, toutes les conditions diverses de l'organisation sont atteintes. L'*unité* et la *variété*, qui, définitivement, en sont le but et la plus haute abstraction, sont posées nettement : l'*unité*, comme résultant d'un pouvoir qui s'exerce dans le cercle du monde atomique, où sont des éléments d'un caractère inaltérable ; et la *variété*, parce que la respiration s'accomplit en raison composée de la masse combustible et du degré énergique des fluides respirables. Et je range dans les différences d'énergie le cas qui procure un plus haut degré de l'air concentré, ou qui résulte encore des proportions où sont l'un à l'égard de l'autre les deux principes dont l'atmosphère se trouve formée.

Cela posé, il n'est plus de difficultés pour comprendre comment ne fut jamais interrompue la série des générations animales. Qu'il soit admis que le cours lent et progressif des siècles donne successivement lieu à des changements de proportions des divers éléments de l'atmosphère ; c'en est une conséquence rigoureusement nécessaire, l'organisation les a proportionnellement éprouvés. Car, comme nous l'avons dit plus haut par rapport à la récolte des fruits d'un verger, le monde ambiant est tout-puissant pour une altération dans la forme des corps organisés. C'est la même raison d'agir, c'est l'unique mode possible d'action ; la différence est seulement dans des limites appréciables. L'altération n'est pas durable, s'il n'est question dans un intervalle de quelques années que de saisons qui succèdent à d'autres saisons, puisqu'une saison sèche réapparaît après une saison humide, et que dans notre monde actuellement fixé, ou du moins que nous croyons fixé dans sa constitution physique, la nature rend ordinairement, après les désastres d'une mauvaise année, les avantages d'une récolte plus abondante.

Mais admettez que plusieurs siècles soient à la place de ces quelques années, l'altération dans la forme des corps organisés est profonde et rendue plus fixe (1). Ainsi pour la terre,

---

(1) Le sentiment public se plaît pour tous les cas d'un retour fréquent à admettre certains axiomes, dans le nombre desquels il faut ranger la proposition que *les formes animales sont modifiables.* Ainsi Bacon, dans son *Nova atlantis*, recommande de tenter la métamorphose des organes, et de rechercher expérimentalement, en les faisant varier elles-mêmes, comment les espèces se sont diversifiées et multipliées. Pascal croit aussi que les êtres animés n'étaient, dans leur principe, que des individus informes et ambigus, dont les circonstances permanentes, au milieu desquelles ils vivaient, ont décidé originairement la constitution. C'est encore la pensée de Goëthe, dont le vaste génie en fait vers 1790 une application suivie à la métamorphose des plantes. De Lamarck médite ces vues et essaie de leur donner une forme précise dans le chapitre de sa *Philosophie zoologique,* où il traite de l'influence des circonstances sur les actions et les habitudes des animaux, et de celle des actions et des habitudes des corps vivants comme causes qui modifient l'organisation de leurs parties. Plus tard, dans ses *Considérations générales sur les mammifères*, mon fils (*Isid.* G. S. H.) donne un résumé de nos connaissances à ce sujet, quand il établit que les variétés nombreuses du bœuf, du cheval, du porc, de la chèvre et du chien sont un produit de la domesticité, dans ce sens qu'elles se sont développées sous l'action lente, mais continue, d'un système de résistances conditionnelles. Et enfin M. le docteur Roulin dans un Mémoire *sur quelques changements observés dans les animaux domestiques transportés de l'ancien monde dans le nouveau continent*, montre qu'il s'est emparé avec sagacité d'une sorte d'expérience pratiquée en grand par la nature; expérience fortuite que rapportent les fastes historiques. Plusieurs de nos animaux domestiques transportés en Amérique y ont été rendus à la vie sauvage: M. Roulin a examiné ce fait sous un point de vue physiologique, et il a effectivement vérifié pendant un séjour prolongé dans la Colombie, que, la servitude étant rompue, de nouvelles habitudes d'indépendance avaient fait remonter les

avant qu'elle eût été régularisée par l'assainissement du sol, par un cours mieux distribué des eaux, et par tous les miracles de l'industrie humaine, il y a eu progrès constant et persévérance relativement aux changements survenus : plus de corrections possibles comme par une saison succédant à une saison, mais au contraire modifications constamment progressives. Dès-lors la terre a eu les animaux de ses âges différents, d'abord ceux de première époque que nous appelons les *antédiluviens*, puis ceux des terrains tertiaires, et successivement enfin les êtres de la zoologie actuelle.

Ce n'est pas là qu'est pour nous la difficulté : l'évidence de ces raisonnements satisfait notre raison. Ce que nous ne comprenons point encore, et par conséquent ce qu'il faut présentement chercher, c'est, comment sous le pouvoir de la physique contemporaine et de faits analogues, la mutation de l'organisation est réellement possible, comment elle fut et doit avoir été autrefois praticable. Je vais, par ce qui suit, chercher à soulever ce voile.

---

animaux domestiques de l'Europe vers les espèces sauvages qui en sont la souche.

Telles sont quelques-unes des considérations qui ont servi de base à un Mémoire que j'ai publié en 1828 parmi ceux du Muséum d'histoire naturelle, t. XVII, p. 209, mémoire où j'examine dans quels rapports de structure organique et de parenté sont entre eux les animaux des âges historiques et vivant actuellement, et les espèces antédiluviennes et perdues. C'était, comme dans l'écrit que je publie présentement, un doute que je me permettais et que je reproduis au sujet de l'opinion régnante, savoir : que les *animaux fossiles n'ont pu être la souche de quelques-uns des animaux d'aujourd'hui*. Consultez sur cette proposition le Chapitre consacré à établir que les espèces perdues ne sont pas des variétés des espèces actuellement vivantes. Oss. Foss., *édition de* 1821 : *Discours préliminaire*, p. 63.

ARTICLE V.

Des formes animales modifiables par l'intervention des milieux respiratoires.

La respiration constitue, selon moi, une ordonnée si puissante pour la disposition des formes animales, qu'il n'est même point nécessaire que le milieu des fluides respiratoires se modifie brusquement et fortement, pour occasionner des formes très-peu sensiblement altérées. La lente action du temps, et c'est davantage sans doute s'il survient un cataclysme coïncidant, y pourvoit ordinairement. Les modifications insensibles d'un siècle à un autre finissent par s'ajouter et se réunissent en une somme quelconque; d'où il arrive que la respiration devient d'une exécution difficile et finalement impossible quant à de certains systèmes d'organes: elle nécessite alors et se crée à elle-même un autre arrangement, perfectionnant ou altérant les cellules pulmonaires, dans lesquelles elle opère; modifications heureuses ou funestes, qui se propagent et qui influent dans tout le reste de l'économie animale. Car si ces modifications amènent des effets nuisibles, les animaux qui les éprouvent cessent d'exister, pour être remplacés par d'autres, avec des formes un peu changées, et changées à la convenance des nouvelles circonstances (1).

(1) Ceci, je ne puis me dispenser d'en faire la remarque, ceci contredit une toute récente et déja bien célèbre théorie sur ces matières: on y dit que les formes animales sont inaltérables, que beaucoup d'espèces, la plupart de grande taille, ont été détruites, et que cependant la main du *Créateur* ne se serait point une seconde fois étendue, pour accorder un équi-

Ce n'est évidemment point par un changement insensible que les types inférieurs d'animaux ovipares ont donné le degré supérieur d'organisation, ou le groupe des oiseaux. Il a suffi d'un accident possible et peu considérable dans sa production originelle, mais d'une importance incalculable quant à ses effets (accident survenu à l'un des reptiles, ce qu'il ne m'appartient point d'essayer même de caractériser), pour développer en toutes les parties du corps les conditions du type ornithologique. J'en ai traité dans la 4e de mes leçons imprimées. Que le sac pulmonaire d'un reptile (1) dans l'âge des premiers développements éprouve une constriction à son milieu, de manière à laisser à part tous les vaisseaux sanguins dans le thorax, et le fond du sac pulmonaire dans l'abdomen, c'est là une circonstance à favoriser le développement de toute l'organisation d'un oiseau; car l'air des cellules abdominales sera refoulé par les muscles du bas-ventre, de manière à diriger sur les vaisseaux respiratoires de l'air alors comprimé et dans la qualité de celui qui sort de nos soufflets, c'est-à-dire de l'air avec plus d'oxigène

---

valent et une compensation aux ruines de ce grand naufrage, c'est-à-dire pour recommencer l'œuvre du règne zoologique. La terre aurait-elle perdu ses habitants, à l'égard d'une partie de ses emplacements, pour y demeurer à toujours dans un veuvage de corps organisés? Il n'en est rien. Le sommet neigeux des montagnes, le fond humide et vaseux des marécages, le sol aride et brûlant des déserts, tous les autres lieux d'une plus commode résidence, les airs, les eaux et le sol en culture, c'est-à-dire toute la croûte superficielle, toutes les sortes d'anfractuosités de notre globe, ont des habitants à la convenance de toutes et de chacune des circonstances qui en protégent et qui même en constituent les divers accidents.

(1) Cours de l'Histoire naturelle des Mammifères, in-8. 1829.

sous un moindre volume et conséquemment avec augmentation d'énergie pendant la durée de la combustion. Pour le surplus du phénomène, sont autant d'effets de ce premier changement, comme la caloricité plus grande du sang, ses couleurs plus vives, sa transparence augmentée, son cours plus rapide, l'action musculaire rendue plus énergique, le changement des houppes tégumentaires en plumes, etc. Je renvoie à la quatrième partie de mes leçons sur les mammifères.

Notre profond physiologiste de Lamarck a présenté, dans sa Philosophie zoologique, des considérations sur les causes physiques de la vie et les conditions qu'elle exige pour se manifester. Habile à poser des principes qu'il avait puisés dans des idées calculées de causalité, il le fut moins dans le choix de ses preuves particulières, quand il apporta un grand nombre de faits, qui lui paraissaient établir que les actions et les habitudes des animaux amenaient à la longue des modifications dans leur organisation.

En définitive mon but, par ces tableaux ou exemples, est de montrer en quoi consiste le système général des cas différentiels, quelles recherches lui sont applicables, et quel brillant avenir de savoir et de conséquences philosophiques lui est réservé. En effet, cherchez, l'esprit dégagé des illusions et des préjugés des âges antérieurs, à vous rendre compte de la succession des faits différentiels dans l'évolution d'un être qui a parcouru toutes les phases de sa vie, vous avez en raccourci sous quelques rapports le spectacle de l'évolution du globe terrestre, c'est-à-dire une succession de faits différentiels engendrés les uns des autres. S'y rendre attentif, c'est apporter un œil heureusement scrutateur sur les scènes des grandes époques du monde, c'est pour ainsi dire prendre la nature sur le fait : développons cette pensée.

Article VI.

Transformations de l'organisation formant l'une des nécessités du travail des développements.

Je ne crains point d'insister et de trop étendre ces réflexions. Nous assistons chaque année à un spectacle visible je ne veux pas dire pour les yeux de l'esprit seulement, mais pour ceux du corps ; spectacle où nous voyons l'organisation se transformer et passer des conditions organiques d'une classe d'animaux à celles d'une autre classe : telle est l'organisation des batraciens. Un batracien est d'abord un poisson sous le nom de têtard, et puis un reptile sous celui de grenouille. Or, nous arrivons à savoir comment se fait cette merveilleuse métamorphose. Là se réalise, dans ce fait observable, ce que nous avons plus haut présenté comme une hypothèse, la transformation d'un degré organique passant au degré immédiatement supérieur.

Les faits physiologiques de la transformation du têtard ont été recueillis et sont parfaitement mis en lumière par mon célèbre ami M. Edwards, dans son ouvrage ayant pour titre : *De l'influence des agents physiques sur la vie;* et les faits anatomiques, par beaucoup de naturalistes, et spécialement par l'auteur (1) d'un manuscrit déposé à l'Institut, et qu'il ne m'est

---

(1) M. le docteur Martin de Saint-Ange, ayant concouru par le dépôt de ce manuscrit au grand prix des sciences naturelles, devant être décerné

permis de signaler aujourd'hui que par son épigraphe : *In minimis maxima patientia.* Je cite ici cet ouvrage, attendu que je vais m'autoriser d'un savoir que j'y ai puisé.

Les développements d'où résulte la transformation sont opérés par l'action combinée de la lumière et de l'oxigène, et les changements corporels par la production de nouveaux vaisseaux sanguins, qui sont alors soumis à la règle du balancement des organes, dans ce sens que si les fluides du système circulatoire se précipitent de préférence dans de nouvelles voies, il en reste moins pour les anciennes. Ces vaisseaux alternants, qui ici se contractent et qui là se dilatent, changent les rapports des organes où ils se rendent; et comme c'est successivement sur tous les points du corps, la transformation devient générale, ici par l'atrophie et la ruine de quelques parties, et là par l'hypertrophie de plusieurs autres, dont il y avait d'abord à peine le germe. M. le docteur Edwards(1) en retenant sous l'eau des têtards, a retardé ou mieux empêché leur métamorphose. Ce qui fut là expérimenté en petit (2), la nature l'a pratiqué en grand, à l'égard

---

par l'Académie en 1831, et ayant obtenu, le 27 juin de la présente année à titre d'encouragement, la somme entière destinée au prix.

(1) De l'influence des agents physiques sur la vie. In-8. 1824.

(2) De semblables expériences seront un jour tentées : et je ne doute pas que par elles on n'arrive facilement à montrer toutes les ressources et l'action directe de la nature, quand elle opère la transformation des corps organisés au fur et à mesure du travail de leur développement successif. Qu'effectivement vous vous procuriez expérimentalement une autre sorte d'état météréologique, *la loi d'affinité de soi pour soi* pourvoira sous le régime d'un autre milieu aux conditions de l'arrangement moléculaire, d'où proviennent les combinaisons des tissus organiques et tant de modifi-

du protée, qui habite les eaux souterraines des lacs de la Carniole. Ce reptile, privé d'y ressentir l'influence de la lumière et d'y puiser l'énergie d'une libre pratique de la respiration aérienne, reste perpétuellement larve ou têtard; mais d'ailleurs il peut toutefois transmettre sans difficulté à sa descendance ces conditions restreintes d'organisation, conditions de son espèce, qui furent peut-être celles du premier état de l'existence des reptiles quand le globe était partout submergé. En effet, la filiation des protées devait rester possible et assurée, parce que, bien que privés de faire éprouver à l'une des premières époques de leur vie les bénéfices d'un développement suivi quant aux organes respiratoires, ces reptiles devenaient et se montraient à une dernière révolution des développements progressifs et vers les organes de la génération, susceptibles de ces effets de l'âge.

Mais ce n'est pas seulement toute la série des êtres normaux qui s'offre à nous comme fournissant un champ immense d'explorations, avec le pouvoir de révéler le but et les moyens du système philosophique des cas différentiels; tout autant que les recherches sont faites en temps utile, c'est-à-dire, au moment critique de l'évolution et des métamorphoses. Car nous pouvons en outre aussi nous renfermer dans un cadre plus étroit, placé plus à la portée de nos moyens, et devant s'expliquer avec plus de certitude sur les causes, je veux parler

---

cations qui surviennent en raison de tout changement subit. Or celles-ci sont incessamment acquises en telle mesure, que le fils naissant dès-lors sous d'autres influences que son père, ne peut en tous les points lui ressembler. Il suffit de signaler la possibilité de pareilles expériences pour faire pressentir les nouvelles destinées de l'Histoire naturelle du globe.

des êtres de la monstruosité. Il semble que la nature ait créé cette classe d'êtres ébauchés, afin de tenir soulevés pour quelques moments à notre profit les voiles qu'elle a répandus sur le ressort et les actes de la vie organique. Et en effet nous savons ce que les monstres contiennent de trop, ou de moins, ou de mal établi, en les comparant avec la souche d'où ils proviennent; il fallait tel ensemble pour satisfaire au *nisus formativus*, à la tendance ou à la loi accomplie de leur formation, et il est venu tout autre chose. Il est évident que nous avons ainsi sous les yeux (la première cause de monstruosité se présentant comme l'objet d'une ordonnée générale), plusieurs éléments de proche en proche modificateurs les uns par rapport aux autres. Alors et par conséquent, combien notre principe de l'étude philosophique des cas différentiels ne trouve-t-il point là d'application!

ARTICLE VII.

Des transformations par la monstruosité.

Aussi bien que dans le cas cité plus haut de la transformation du têtard en grenouille, il n'est qu'un moment à saisir dans la série des développements, pour en faire une étude fructueuse. J'en ai déja fait la remarque dans d'anciens écrits, quand j'ai rappelé les débats célèbres et définitivement stériles, qui captivèrent l'attention du monde savant de 1724 à 1745. Lemery, dominé par les plus heureuses inspirations sur les causes de la monstruosité, avait proposé une théorie que les anatomies de Winslow combattirent avec succès. Toute lésion organique suivie d'une monstruosité affecte ordinairement le fœtus vers le deuxième ou le troisième mois; et bientôt après, des réparations, dues à la reprise du *nisus formativus*, mêlent au fait primitif des déformations leurs faits de retour à la normalité. Le scalpel de l'anatomiste ne faisait donc découvrir à Winslow qu'un amalgame de combinaisons diverses et successives ; circonstance qui ne fut point comprise par Lemery, et qu'il ne sut point opposer aux vives attaques de son adversaire. Ainsi de Lamarck aurait également attribué des explications bonnes pour un premier âge aux conditions d'un âge plus avancé, quand cherchant des motifs à la variation des êtres, il lui arriva de croire les animaux adultes capables d'impressions et de modifications durables.

Et au surplus, il en est des transformations par voie de monstruosité comme de celles dues au développement régulier d'un têtard. Un organe est-il frappé d'un arrêt de formation, l'afflux des fluides qui le nourrissaient ou qui étaient destinés à le nourrir profite à d'autres organes : notre loi de balancement qui règle l'accroissement inverse et réciproque des volumes, éclaire cette marche insolite, de manière que tous les faits différentiels, se correspondant et se commentant respectivement, refusent rarement l'explication de leur causalité à des recherches ardentes et bien dirigées.

Un autre exemple que l'utilité de son enseignement m'engage encore à citer est la merveilleuse organisation de la taupe. Là se trouvent ensemble associés et confondus en quelque sorte les arrangements et les combinaisons des êtres de la monstruosité et de ceux de la zoologie régulière. Cela serait peu pour notre instruction que l'entière suppression d'un organe des sens, de celui de la vue par exemple : un mammifère de la Russie, le *mus typhlus*, est complètement aveugle. Mais que, comme dans la taupe, l'organe de la vue vienne à rompre tous ses rapports ordinaires, toutes choses ainsi maintenues chez tous les animaux indistinctement, pour s'accommoder de l'invasion d'un accident de monstruosité; que de renseignements à puiser là au profit des recherches pour le système des faits différentiels! Cette monstruosité phénoménale en ce qu'elle sort victorieuse de tout effet de perturbation et qu'elle est perpétuée par voie de génération, forme un fait appréciable dans son motif. Le museau de la taupe employé à fouiller, est consacré à un exercice très-laborieux: il grandit démesurement; et avec lui croissent toutes ses parties voisines, spécialement tout l'organe olfactif. Mais l'appareil nasal n'acquiert un développement hypertrophique qu'en soumettant l'organe qui le suit aux conditions de la plus facheuse atrophie : c'est l'œil qui éprouve ce mécompte, mais de plus, qui le ressent, non pas seulement en devenant démesurement petit, mais encore en étant privé de ses communications immédiates avec le cerveau. Le nerf optique ne parvient point aux lobes optiques (tubercules quadrijumeaux), le grossissement du museau et de l'appareil olfactif s'y oppose, en lui barrant le passage: ce nerf se répand d'abord sous la peau en côtoyant le nerf de la cinquième paire, et en définitive, il s'y réunit, au moment où celui-ci, porté à un volume extraordinaire, entre dans la cavité du crâne. Ainsi, il n'est pas dans l'histoire organique de la taupe un seul fait de diversité qui ne révélât son motif : tous les cas différentiels de cette organisation curieuse s'expliquent réciproquement les uns par les autres.

Article VIII.

Conclusions.

Combien d'autres exemples pourraient être invoqués pour établir la nécessité des études que nous recommandons! Ce ne sont pas des effets sans une cause appréciable que la multiplicité et la diversité des formes animales : et, il m'est sans doute permis de le pressentir et d'y insister : certes quel plus légitime sujet de recherches que tant de conformations bizarres qui n'ont guère encore excité en nous que le sentiment d'une stérile admiration; ces serpents établis sous l'apparence d'une longue verge; ces boîtes ambulantes appelées *tortues*; tous ces premiers habitants de la terre, que des cuirasses de peau osseuse n'ont point préservés des ravages du temps!

Nous ne finirions pas, si nous voulions indiquer dans quelle mesure de fécondité se présente notre nouveau genre de recherches; puisque s'il s'étend à tous les cas variables, ce n'est rien moins qu'à tous les corps de l'univers. Toutefois je signalerai encore un autre sujet de considération : je ne puis mieux terminer qu'en revenant sur les motifs qui m'ont entraîné dans la présente discussion. Je l'ai dit en commençant : je me disposais à écrire sur les animaux fossiles du calcaire de Caen. Or une partie de leur crâne, la région jugo-temporale, étudiée comparativement avec les parties analogues des autres animaux vertébrés, m'avait paru offrir un cadre heureux pour une application de mes principes sur les faits différentiels.

Je voyais ces études d'ostéologie comparée sous l'empire de deux ordonnées générales : 1° le retour nécessaire des mêmes matériaux composants, c'est-à-dire la direction imprimée par le principe de l'unité de composition ; et 2° les relations mutuelles et toujours harmoniques entre toutes les parties, ou autrement l'intervention du principe des connexions. Mais d'ailleurs, quant à ces deux circonstances de l'état des matériaux, la possibilité (1) de beaucoup de modifications deve-

---

(1) Je parle de cette possibilité sous l'inspiration de l'un des deux systèmes concernant la formation des êtres : que je m'explique sur le motif de cette préférence.

Des deux théories sur le développement des organes, l'une suppose la préexistence des germes et leur emboîtement indéfini : l'autre admet leur formation successive et leur évolution dans le cours des âges. Selon le système d'un emboîtement indéfini, les êtres sont et restent durant les siècles ce qu'ils ont toujours été : de là on a conclu que les formes animales étaient inaltérables. Cependant des métamorphoses, qu'on croit opérées par une espèce de déboîtement et où l'on ne pense qu'à constater un rapport du petit au grand, n'est-ce pas réellement sortir du champ de l'observation ? Cette manière hypothétique de considérer l'organisation des animaux en abrége beaucoup l'étude. Effectivement elle dispense de la recherche de tous les rapports qui naissent de la variation continuelle des êtres vivants, à mesure que s'en fait le développement. Il y a mieux, elle dispense au besoin de toute philosophie. On reste fidèle, il est vrai, à l'énoncé du point de départ, en ne remontant pas plus haut que le fait de l'apparition des choses : enfin dans ce système, on s'en tient à constater que les êtres existent; puis, saisissant une circonstance caractéristique, à les voir différents. C'en est assez pour les rechercher et pour les considérer comme bons à décrire et à classer. L'Histoire naturelle, comme elle a été entendue et poursuivie jusqu'à ce jour, est, à peu près, tout entière sortie de ce système d'idées. En bornant ses considérations à l'infiniment petit et à l'infiniment grand, les travaux à produire, loin de faire connaître la beauté, la puissance et l'harmonie de la nature, ne sauraient aboutir qu'à nous étonner par le spectacle confus de son ensemble. Voyons

nait l'élément générateur de leurs transformations. Car 1° le volume proportionnel des matériaux change d'une espèce à une autre, toutefois sans que le principe du balancement des organes ne vienne à perdre de vue ces changements, et n'intervienne au contraire utilement : une explication satisfaisante ne manque jamais; 2° les matériaux ne se groupent pas toujours de même ensemble, bien que pour satisfaire à la loi des connexions, ils ne puissent éviter d'être compris dans un même

---

plus loin encore, et cherchons à comprendre les allures des partisans du système de l'évolution : ils négligent le doute interrogateur et les voies ordinaires de l'ardente investigation du physicien, pour s'abandonner à des sentiments de théologien : car ils ne peuvent qu'invoquer une foi vive pour une sorte d'incarnation préétablie, pour un mystère qui n'exige d'eux d'autre effort d'intelligence que d'y croire, et dont c'est raconter le miracle sous une forme explicative, que de recourir à toutes les subtilités d'une argumentation *in absurdo*.

Pensant ainsi, j'ai dû préférer la supposition contraire; et en effet dans le système de l'épigénèse, la science s'agrandit en raison de l'étendue des recherches : les rapports se multiplient, ils naissent pour ainsi dire sous les pas de l'observateur. Car pour tous les faits les plus compliqués, la comparaison des êtres est l'instrument nécessaire et devient l'unique moyen des déductions. Ce n'est effectivement qu'à ce prix et de cette façon que l'on peut essayer de donner une explication probable de ce qui constitue le mécanisme de toute composition animale.

J'ai eu un instant l'idée de donner la statistique des deux opinions régnantes, et j'avais en effet, en terminant mon Mémoire précité sur les animaux antédiluviens, promis un second article très-détaillé à ce sujet. Mais j'ai depuis pensé qu'il fallait sur cela s'en rapporter à l'action toute puissante du temps : la préexistence des germes perd tous les jours de ses partisans, et l'opinion contraire en compte de plus en plus, à mesure que l'organisation mieux étudiée, est aussi mieux connue.

engrenage : il semble qu'une affinité élective décide dans chaque association de l'époque retardée, ou anticipée des réunions. Si, ce qui est ordinairement, la soudure des pièces osseuses ne dépend pas du caractère de leur volume, ces pièces, matériaux de grande dimension, retiennent plus longtemps leur premier caractère d'individu ou d'os distinct : mais qu'elles soient réduites à un moindre volume, elles recherchent promptement l'appui et la soudure de leurs voisines ; ou bien, extrêmement petites, elles sont dès leur formation groupées ensemble.

Les faits différentiels ne sont donc jamais dus à un accident qui soit inappréciable : ils sont au contraire dans une dépendance mutuelle : s'influençant réciproquement, chacun et tous interviennent comme la conséquence d'un ou de plusieurs motifs. Des anatomies comparées faites dans l'esprit de ces recherches, si elles ne doivent pas, à cause de quelques complications pour le moment inexplicables, satisfaire sur tous les points, sont, ce me semble, appelées à répandre de grandes lumières sur l'emploi des forces actives de l'organisation.

Pour agir conformément à ce programme, j'avais eu à choisir entre deux partis : ou je marcherais sans en avertir, dans une nouvelle direction, me promettant en cas de succès de faire remarquer que cette marche était et praticable et utile ; ou je ne m'y engagerais qu'après avoir prévenu que je croyais nécessaire d'ouvrir ce nouveau sillon dans la voie scientifique. Mes deux premiers écrits sur les téléosaures, produits sous l'influence de la première de ces déterminations, et comprenant tant de détails, n'avaient déja que trop fatigué : j'ai dû épuiser la seconde combinaison.

Ainsi, je ne voulais, en commençant un nouveau Mémoire, que donner les motifs qui m'entraîneraient dans d'autres recherches : et c'est un traité spécial que j'ai ici produit au lieu de ces explications. Cependant ce ne sera pas inutilement : je m'en autoriserai pour écrire avec plus de liberté et pour présenter prochainement avec toute confiance la suite de mes recherches sur les animaux antédiluviens des carrières de la ville de Caen.

CINQUIÈME MÉMOIRE,

COMMUNIQUÉ A L'ACADÉMIE ROYALE DES SCIENCES, LE 29 AOUT 1831.

SUR

Les pièces osseuses de l'oreille chez les crocodiles et les reptiles téléosauriens retrouvées en même nombre et remplissant les mêmes fonctions que chez tous les autres animaux vertébrés.

PAR M. GEOFFROY SAINT-HILAIRE.

Ce nouveau travail va servir de commentaire et de complément au second de mes Mémoires sur les sauriens fossiles du territoire de Caen : je m'aide cette fois de toutes les ressources du dessin. Lorsque je donnai à l'Académie, le onze octobre de l'année dernière, lecture de ce mémoire roulant sur les spécialités de forme de l'arrière-crâne des crocodiles et des téléosaures, je ne fus pas compris de mon illustre confrère M. le baron Cuvier, sur un point, et celui-là même, qui me paraissait former la partie essentielle de la question. Cependant M. Cuvier avait écrit *ex professo* sur la matière. Sans doute ce fut de ma faute, et pour avoir peut-être, en ne calculant pas assez toute l'étendue de mon sujet, traité de ce point sans les développements nécessaires ; probablement aussi pour avoir donné mes explications avec trop de confiance, de concision, et, je l'avouerai, avec quelque obscurité. Ayant voulu peu après reprendre mes avantages, je développai de nouvelles idées dans un article (1) qui parut le 23 octobre suivant : mais dans ce même article je me trouvai toujours privé du secours de quelques planches que je tiens pour indispensables.

Alors comme aujourd'hui, voulant, en traitant de l'oreille osseuse des crocodiles et des téléosaures, insister sur l'un des plus grands écarts de l'organisation, je ne pouvais, comme je ne puis encore, être compris qu'en indiquant le principe et le but de la formation de tout appareil auditif. Or, voici comme je conçois cette généralité.

Article Ier.

Considérations générales.

Le crâne forme un salon pour l'encéphale, s'ouvrant de chaque côté dans quatre chambres destinées à contenir les organes du goût, de la vue, de l'odorat et de l'ouïe. Or, il est de l'essence de toute chambre, comme de celles-ci en particulier, d'offrir plusieurs murailles communes ; telles sont les cloisons des divers compartiments. Avant qu'on en prît cette idée générale, la forme et les dimensions des cavités crâniennes leur avaient fait donner, selon l'occurrence, les noms de *fosses*, de *cavernes*, ou de *boîtes*. La chambre de l'appareil du goût formait une vaste *caverne*, celles pour la vue et l'odo-

---

(1) *Sur quelques conditions générales des rochers et la spécialité de cet organe chez le crocodile.* Gazette Médicale, n° 43, ou, tom. I, p. 391.

rat n'étaient que des *fosses*, et c'est dans une *boîte* étroite qu'on disait que sont contenus les principaux éléments de l'organe auditif.

L'ensemble de l'appareil auriculaire se compose de deux caisses adossées ; l'une est la caisse tympanique ou *l'énostéal* (*oreille externe*), et l'autre le rocher ou la boîte des canaux semi-circulaires (*oreille interne*). A un moment donné de l'âge fœtal chez les mammifères et chez l'homme, les caisses sont le produit de quelques petits os déja constitués par un système d'ossification achevé et indépendant, savoir : 1° la caisse de l'oreille externe, qui s'en tient à être un cadre du tympan, étendu au-devant de ses trois osselets ; et 2° la caisse de l'oreille interne, qui se compose des deux lames du rocher, en dedans desquelles sont les canaux semi-circulaires. Une pièce d'abord membraneuse, puis fibro-cartilagineuse, et finalement ossifiée chez l'homme vers le huitième mois de la vie fœtale, se montre décidément dans l'état d'un os à part pendant le neuvième mois : tel est le *cotyléal*, existant sous ces diverses et successives conditions dans le fœtus humain. Les métamorphoses de cet osselet chez les animaux m'avaient conduit à le supposer existant et ses connexions connues à le retrouver chez l'homme. Sa forme, comme il se dessine d'abord et quand il prend un caractère osseux, se présente sous l'apparence d'une fourche : les branches de cette fourche sont posées sur la partie externe du cadre ; la queue se dirige sur le sphénoïde ; et sous cette queue, comme sous une arche de pont, passe la carotide interne. Le cotyléal grandit très-vite : extérieurement il dépasse le cadre et devient conque auditive ; du côté intérieur il se répand sur le rocher, et en définitive il opère la liaison des deux caisses, séparées primitivement.

Voyons maintenant le rocher dans ses conditions essentielles : voyons-le indépendamment de sa forme dans chaque espèce, de même qu'indépendamment des soudures que cette chambre contracte avec le cotyléal et avec le temporal (*portion écailleuse*). C'est chez les mammifères une sorte de coquille bivalve, au moyen de ses deux lames concaves qui sont superposées l'une à l'autre ; ces lames en se joignant laissent des intervalles, deux du côté de la boîte crânienne et deux autres du côté de la caisse (l'os énostéal). Les premiers interstices servent de passage aux deux nerfs acoustiques, et sont nommés trous auditifs externe et interne, et les seconds constituent la fenêtre ovale et le trou rond. Ainsi j'admets et vois le rocher sous l'idée d'une boîte, dont le couvercle est soudé presque partout sur ses bords. D'ailleurs en voici les fonctions. Il loge dans sa cavité les canaux semi-circulaires, ses deux ordres de nerfs et ses vaisseaux. Il rentre ainsi dans toutes les conditions essentielles des organes des sens ; car, voyez jusqu'à quel point il reproduit les faits de l'organe olfactif. Entre les os du nez et ceux du vomer formant les parois de la chambre nasale, sont et se trouvent, pour y demeurer renfermées, quelques parties, telles que les cornets supérieurs et inférieurs, également deux ordres de nerfs, deux systèmes de vaisseaux. Et dans cette énumération je ne comprends pas les parties situées au-dessous du vomer et consistant dans les parois internes des os palatins : car celles-ci sont le plancher d'un autre canal expresésment dévolu à l'organe respiratoire.

Le rocher n'est constitué avec ses deux écailles dans cet ordre de simplicité que chez les mammifères, c'est-à-dire seulement chez les animaux à large et ample cerveau. S'il survient une exception, comme chez quelques oiseaux, le cerveau laisse apercevoir dans le mode de cette plus grande largeur la cause explicative de l'exception. J'ai surtout étudié l'arrangement des deux écailles du rocher chez les animaux vertébrés placés vers la fin de l'échelle zoologique ou chez les poissons: j'ai poursuivi ces considérations dans un travail (1) sur l'aile auriculaire des animaux de cette classe. Ce sont des pièces tellement spéciales, que déjà dans ce travail, qui date de plusieurs années, je leur avais donné le nom de *pré-rupéal et de post-rupéal* (2): et la raison du choix des monosyllabes *pré* et *post*, pour qualifier la position respective des deux rupéaux, bien qu'ils soient quelquefois l'un au-dessus de l'autre, m'a été suggérée par le principe des con-

---

(1) Mémoires du Muséum d'histoire naturelle, tome XI, p. 420.

(2) La spécialité des deux rupéaux est surtout révélée chez les poissons par une nécessité de la structure de leur crâne. Ailleurs les os de l'oreille, considérés dans leur ensemble et dans le devoir qui les appelle à faire partie des enveloppes de l'encéphale, arrivent de la circonférence sur le centre; ils doivent atteindre et sur un point effectivement ils coiffent le cerveau. Dans les poissons, au contraire, un autre et non moins exigeant appareil, celui des branchies, est sur leur flanc externe : cloison intermédiaire entre celles-ci et l'encéphale, les rupéaux acquièrent de la surface au profit de ces branchies, en se plaçant côte à côte, où ils se joignent sous un angle saillant. L'angle étant rentrant du côté de l'encéphale montre les deux rupéaux ajustés comme les deux valves d'une coquille à demi ouverte et que retiendrait une charnière. Les canaux semi-circulaires, qui ne parviennent jamais au degré de l'ossification, existent dans l'enfoncement des deux valves : le périoste enveloppe cette partie principale de l'appareil auditif, parce qu'après avoir tapissé la surface interne des rupéaux, il devient une cloison membraneuse et place ainsi un diaphragme qui clôt l'appareil auditif à l'égard de la boîte crânienne.

nexions. Le rupéal d'en-bas suit constamment les grandes ailes, et le rupéal d'en-haut précède toujours l'occipital supérieur. Ainsi ce second rupéal appartient au tronçon terminal, et le premier au tronçon immédiatement antérieur.

Dans les ovipares, chez lesquels le cerveau perd de son volume en largeur pour s'étendre dans l'autre dimension, et par conséquent chez lesquels, les os qui servent de ceinture à l'encéphale en suivent les révolutions et se prolongent davantage dans le sens de la longueur, les rupéaux accompagnent ceux de ces os qui les avoisinent, en même temps qu'ils se tiennent à portée l'un de l'autre: le pré-rupéal se porte un peu en devant, et le post-rupéal un peu en arrière: ils chevauchent l'un à l'égard de l'autre, toutefois sans manquer de conserver leurs relations mutuelles, de composer ensemble une commune cavité rochéenne. Mais sous cette autre influence, ils ne sont plus superposés bord contre bord. Le post-rupéal, formant le sommet, est quelquefois (et c'est ainsi dans le crocodile) à une certaine distance en hauteur du pré-rupéal. Or, une telle pièce ne reste point en l'air, et l'appui qu'elle ne trouve plus d'abord vers le bas, elle l'acquiert en arrière, c'est-à-dire à la région occipitale. Soudée d'origine de cette manière, la seconde pièce n'est plus retrouvée en ce lieu que par la théorie; en effet, l'analogie la montre bien certainement, dès que je puis citer des faits de cet ordre, où personne ne saurait être admis à s'écrier que c'est une simple hypothèse *à priori*.

Dans l'homme, avant qu'il se soit encastré avec les parties qui l'entourent, l'ethmoïde se compose du corps ethmoïdal et des cornets supérieurs. Chez le veau, dans un âge correspondant, le corps ethmoïdal est soudé en arrière avec le premier sphénoïde. Cependant les cornets supérieurs ne pouvaient rester en l'air, et ils s'appuient en premier lieu, et puis en second lieu ils se soudent sur le vomer. Même nécessité, même révolution pour les rupéaux dans les cas ci-dessus exposés.

Après ce coup-d'œil général, l'on pourra, je crois, mieux comprendre et surtout suivre avec un intérêt plus vif les faits particuliers qui forment l'organisation spéciale de l'oreille des crocodiles.

Article II.

Détermination des os de l'arrière-crâne.

Cherchons les rochers au milieu des parties crâniennes qui les entourent; et d'abord, afin de me procurer un point de repaire que je puisse tenir pour incontestable, j'arrête mes regards sur les grands espaces circulaires situés derrière les fosses orbitaires. Ces espaces marqués *ν, ν* (1), sont les cavités de l'arcade jugo-temporale où s'insèrent les muscles élévateurs de la mâchoire inférieure, enfin les fosses temporales; la pièce unique et médiane Y qui forme au côté interne leur cloison est le pariétal; le côté externe est fermé en arrière par le temporal P, et en devant par le jugal O. Le temporal, recouvrant toujours les rochers, les a immédiatement sous lui à l'égard des pièces vues supérieurement. C'est donc à la préparation, fig. 2, à me montrer ces os cherchés. Ils occupent effectivement l'em-

(1) Consultez la première de nos planches, celle des *Crocodiles*, fig. 1 et 8; voyez aussi l'espace, Lettre *a*, et II la fig. 9 : des muscles, en partilier le crotaphite, remplissent ces cavités.

placement central Q, étant entourés comme il suit : supérieurement par R et K (coupe sur l'ex-occipital et sur l'interpariétal), inférieurement par G et *p y* (coupe sur le basilaire et l'énostéal), et par devant enfin par X : c'est la couche osseuse coiffant de côté les lobes cérébraux, ou notre os ptéréal. Tout cet emplacement central et circonscrit, tel que je viens de l'indiquer, est le rocher Q (1), sur le compte duquel les anatomistes ne furent jamais en dissentiment. Il y a un de ces rochers à droite, et un autre, son congénère, à gauche ; la position de chacun est décidément latérale. Leurs relations ou enchevêtrement avec les os qui les entourent n'offrent rien que de régulier, que de conforme au principe des connexions. Enfin cet os Q, dont je ne vois dans la fig. 2 qu'une bien petite partie, le surplus se trouvant caché par les os voisins, je le considère à part, fig. 17 : et sur cette pièce ainsi isolée, je pense et j'en discute, comme l'ont fait avant moi les naturalistes qui s'en sont occupés.

Cependant, si à cet égard nous arrivons au même point et si en effet nous devons considérer comme acquise incontestablement la détermination du rupéal Q, nous aurons à observer qu'il n'en saurait être ainsi des pièces de son entourage. Des déterminations différentes à l'égard de quelques-unes existent dans la science. Or, c'est un fait grave qu'une telle situation des choses, dès que le dissentiment dans lequel je suis malheureusement entraîné vis-à-vis de M. le baron Cuvier ne porte pas seulement sur une valeur ar-

(1) La lettre indicative Q est en dehors ; mais suivez sa ligne de points, et vous rapporterez cette lettre à la partie centrale et fortement teintée de la figure.

bitraire des termes, mais puisqu'il embrasse véritablement ce qu'il y a de vif et de fondamental dans les questions. Car nous sommes tous deux partis du même point; tous deux nous reconnaissons que les pièces crâniennes sont analogiquement les mêmes chez tous les animaux : et nous croirions en exprimer les véritables rapports au moyen de notre nomenclature différente! Il faut l'avouer; en quelques points nous avons senti, et certes apprécié très-différemment ces rapports.

Dans ces circonstances, j'aimerais à accepter la pensée de mon illustre confrère; mieux que personne, je comprends ce que doit et peut exercer d'influence l'autorité de son nom; surtout je voudrais éviter une nouvelle collision. Toutefois ma profonde conviction, par conséquent l'intérêt de ce que je crois être la vérité, et enfin l'entraînement de mon sujet, en décident autrement et me contraignent au contraire à m'expliquer. Je ne puis en effet me dispenser d'employer des termes que je crois logiquement et très-sévèrement déduits de l'analogie; j'y ai recours comme traduisant avec toute la fidélité et la clarté désirables les rapports découverts. Autrement la spécialité de l'oreille du crocodile, but principal des présentes recherches, serait exposée à n'être point comprise.

Le rupéal du crocodile une fois donné, il devenait facile d'en faire sortir la connaissance des pièces du pourtour. Le principe des connexions devient un guide tellement assuré, que l'on peut en effet comparer le crâne du crocodile directement au crâne humain. Or, voici ce que dans l'homme, point de départ des recherches analogiques, chacun a pu remarquer : en avant sont les grandes ailes, au-dessus le temporal, au dehors latéralement le cadre ou la caisse, en arrière les occipitaux et par dessous la pièce servant d'arche de pont à la carotide interne, cette pièce x que j'ai nommée *cotyléal.* J'insiste sur cette dernière, inaperçue jusqu'à moi dans l'espèce humaine, et que par conséquent M. Cuvier n'eut point occasion de comprendre parmi ses moyens de recherche. Cet autre terme, accordé aujourd'hui à nos études de comparaison, ayant passé d'une manière plus distincte chez les reptiles à la condition d'un os à part, est précisément ce qui dans le crocodile fut pris et nommé *temporal* par M. Cuvier. Or je regrette vivement d'avoir à produire une remarque critique au sujet de cette considération (1). Un tel résultat supposerait un déplacement; et nos règles zoologiques, le principe des connexions à leur tête, n'admettent aucune anomalie pareille. Ce serait voir placé par dessous ce qui est toujours et nécessairement situé en dessus; et en effet c'est constamment que le temporal couronne l'appareil auditif, en recouvre l'entrée, pour de là s'élever et se répandre sur le pariétal. Dans le système de M. Cuvier, une portion du temporal est, à l'égard du crocodile, considérée comme un os isolé qu'il nomme *mastoïdien.* Mais

(1) A l'éclectisme que l'on recommande beaucoup et abusivement, selon moi, préférons une *déduction* sévère et logique. L'éclectique a beau protester qu'il fera de son mieux pour *choisir* le vrai, pour délaisser le faux; l'intervention de son *moi* est toujours de trop dans l'affaire. S'il occupe un premier rang dans la science, et qu'à ce titre il commande la confiance : qu'importe? Personnellement chacun de nous n'ajoute rien au caractère de la *vérité :* un *jugement vrai* à faire sortir du fond des choses est une *déduction* à produire, dont les éléments avec leur essence d'inflexible nécessité sont toujours là, qu'ils soient cachés ou bien révélés à notre esprit.

voyez que, si cette pièce P n'était point la portion dite l'écailleuse du temporal de l'homme, et selon les naturalistes le temporal proprement dit, elle manquerait à toutes ses relations obligées. Deux fragments du même os se laisseraient donc traverser et seraient séparés par d'autres pièces de l'oreille externe, les pièces du cadre du tympan, ou de la caisse. Mais voici bien un autre inconvénient; cet os P, qui serait la portion mastoïdienne, une partie tout-à-fait reculée en arrière, serait venu s'unir à une autre pièce O, donnée, sous le nom de frontal postérieur, comme un démembrement de l'os du front; supposition inadmissible, en faveur de laquelle il faudrait qu'en ce lieu plusieurs os intermédiaires fussent immédiatement soustraits pour opérer cette alliance insolite.

Enfin la grande excavation, que nous avons représentée dans nos dessins, L. *v*, fig. 8, et qui est occupée par les muscles élévateurs de la mâchoire inférieure, que serait-elle? nécessairement, selon les pièces qui en forment les cloisons latérales et postérieures, une cavité, à laquelle auraient concouru tout à la fois et le frontal et la partie vaguement définie, qu'on nomme la portion mastoïdienne chez l'homme? Mais, ce point constaté, où trouver chez les autres animaux quelque chose de pareil ou du moins d'analogue? Nous avons déjà remarqué que le muscle crotaphite s'y trouve; s'il en est ainsi, ce lieu où s'insèrent les muscles qui élèvent la mâchoire inférieure est la cavité dite chez l'homme la *fosse temporale* : ce qui la complète antérieurement est l'os jugal reconnaissable à une apophyse au-devant de l'apophyse qui arrive du temporal. Or cet os qui se voit chez l'homme est exactement répété chez le crocodile, si, comme nous en avons une parfaite conviction, la pièce O doit cesser d'être considérée comme un démembrement du frontal: pour la rendre enfin à son caractère analogique, il faut la nommer le *jugal*. On avait évité jusqu'ici de s'expliquer sur le caractère de cette fosse; et il fallait bien qu'il en fût ainsi. Car, du moment où cette fosse serait reconnue comme le siége des muscles élévateurs de la mâchoire inférieure, comme étant la cavité jugo-temporale, alors tombait l'ancien système des dénominations préférées, alors apparaissait nettement et nécessairement tout l'ordre analogique de nos déterminations crâniennes.

Car cet ordre admis, chaque partie est à sa place, chacune entre comme l'élément voulu dans la chambre dont elle fait partie; aucune ne manque à sa fonction, et en définitive toutes subissent comme elles le doivent les nécessités de la loi des connexions : cela est ainsi pour tous les os entre eux. Il en est de même pour toutes les parties molles qui composent les organes des sens, tels que nerfs, vaisseaux et muscles. De sorte que pour conclusion dernière, il n'est nulle part vraiment plus beau champ pour la démonstration de l'analogie des organes et de la vue philosophique de l'unité de composition organique, que le théâtre qui nous est fourni par les têtes si différentes de l'homme et du crocodile.

Dès lors, plus de démembrement de l'os frontal en antérieur, moyen et postérieur; le frontal antérieur est l'os *planum,* intervenant plus ou moins largement dans le plancher extérieur du crâne, étant caché par l'œil en dedans de l'orbite chez l'homme, et se trouvant au contraire démasqué chez le crocodile par le défaut de profondeur de la cavité orbitaire. Le frontal postérieur reprend son caractère et son nom d'os jugal, en sorte que le frontal moyen reste seul comme l'analogue de l'unique frontal chez l'homme, tout aussi bien que chez tous les autres animaux.

Voyons les choses sous un autre aspect, avant d'arriver aux sérieuses difficultés du sujet. Je me flatte en effet d'en préparer l'éclaircissement par une simple et préalable description des parties situées au-dessous du pariétal; ainsi, je suppose qu'à l'égard de la pièce, fig. 8, la dissection ait emporté le parallèlogramme inscrit entre les lignes parallèles PYP, PO, OUO et OP, c'est-à-dire toute la plaque pariéto-frontale, l'on se trouve avoir décoiffé toute la haute région du crâne; le frontal est épais, mais le pariétal forme une lame plus mince; enfin je suppose que la coupe aura été dirigée de façon à n'être pas assez descendue pour découvrir le cerveau. Cela posé, voici comme les choses apparaissent. Décrivant de devant en arrière, ce sont d'abord deux masses musculaires, elliptiques et séparées par l'étendue du pariétal : ce sont les muscles qui remplissent les fosses jugo-temporales. En se portant d'une distance en arrière, sont en ligne trois parties d'une étendue égale : savoir, d'abord à chaque bout une membrane attachée à un bord exactement circulaire; c'est la membrane du tympan, à laquelle adhère, mais à la paroi intérieure, un filet cartilagineux. La position de ce filet le fait reconnaître pour le marteau : il gagne en arrière et un peu en dedans un muscle longitudinal, celui du marteau et des osselets de l'ouïe; puis, est la région moyenne offrant cette singularité curieuse, que la coupe exécutée aurait dû ouvrir, mais n'a pas, selon notre supposition, entamé la boîte cérébrale. On a enlevé la plaque pariétale en la cernant par des coupes vives, en devant sur le bord articulaire et postérieur du frontal U, et en arrière sur l'étendue transversale de l'occipital supérieur. J'ajoute cette autre circonstance : on a encore tranché dans le centre un petit pilier osseux se portant verticalement de la voûte crânienne au centre du pariétal : je l'ai fait représenter pour une autre combinaison, et marquer K*b*, fig. 19.

Portion HK. La remarque que je désire faire ressortir de cette exposition, c'est que toute cette région moyenne, moins le pilier central, est évidée, et que par conséquent si l'on fait passer un stylet par un trou auriculaire, il traversera, sans autre obstacle que les membranes du tympan, pour réapparaître à l'autre trou auriculaire : ce stylet peut passer et passe alors entre le pariétal, plaque externe, et les os cérébraux formant la voûte crânienne de l'encéphale : nous dirons plus tard ce que sont ces os coiffant supérieurement la masse encéphalique. Par conséquent les deux caisses ont une chambre commune, ou plutôt, à cause de cette chambre intermédiaire, elles ne forment ensemble qu'une caisse communiquant d'une oreille à l'autre. Or cela, je ne puis assez le répéter, cela, dis-je, se voit au-dessus de la voûte crânienne. Dès que chez aucun autre animal, vous ne trouvez un pareil arrangement, je dois insister sur ce cas insolite ; je me crois en droit d'y voir un fait *crocodilien*, et de le signaler comme tel à l'attention des naturalistes.

Si chez d'autres animaux, je voulais suivre les osselets de l'ouïe et porter mon œil observateur sur l'oreille interne, il me faudrait procéder par une ligne directe de dehors en dedans ; mais chez le crocodile c'est autrement, les caisses ont gagné la région supérieure : c'est de ce point élevé qu'il nous faut en effet descendre pour pénétrer dans la chambre placée réellement au delà de celle qui contient les canaux semi-circulaires.

Par conséquent, voici comment les osselets de l'ouïe, en restant fidèles à leurs rapports respectifs et à leurs fonctions habituelles, satisfont à ce qu'exige d'eux la position nouvelle de la caisse. Le malléal ou le marteau est un os cartilagineux, placé le long de la membrane tympanique, adhérant par un bout et prolongeant assez loin son manche en raison de ses connexions obligées avec le muscle qui lui est consacré. L'incéal ou l'enclume, os également cartilagineux, existe sous la forme d'un triangle isocèle. M. le docteur Breschet me paraît avoir le premier reconnu et déterminé ces pièces (1) : il en doit traiter spécialement, et c'est d'après ses dessins, qu'il m'a très-complaisamment communiqués, que je les ai fait représenter (2). Quant au stapéal ou à l'étrier, se distinguant déja des autres parties de la chaîne par son état complet d'ossification, il lui fallait un aussi long pédicule que le montre notre fig. 6, pour qu'il allât porter son disque de fermeture sur la fenêtre ovale; ce qu'il réussit à faire par une position oblique de haut en bas (3).

J'arrive enfin à ce qui est proprement le sujet de ce Mémoire. Je vais essayer de montrer qu'en outre des deux pré-

---

(1) M. le docteur Breschet s'occupe d'une anatomie comparative de l'oreille des animaux. Ses recherches sur l'oreille du crocodile forment l'un des chapitres de ce travail très-étendu.

(2) Voyez, fig. 6, le malléal en *q*, l'incéal en *r*, et le stapéal en *z*.

(3) Les trompes d'Eustache se voient en partie dans la fig. 2 : elles existent le long et sur les flancs de l'hyposphénal E; descendant de *b* en *a*, elles arrivent à un confluent, *ac*, celui des arrière-narines. Les deux corps sphénoïdaux, E et D, ont été avec intention entamés et en partie soustraits, de manière qu'une partie du sinus ou de la trompe d'Eustache restât parfaitement visible.

rupéaux Q Q, regardés jusqu'ici comme composant à eux seuls les rochers (1) des crocodiles, il est encore deux autres pièces rochéennes soudées l'une à l'autre, qu'elles recouvrent immédiatement et en dessus l'une des parties de l'encéphale, et qu'elles ont jusqu'ici échappé à toutes les recherches, non-seulement à cause de leur situation insolite et de leur mutuelle association, mais de plus, parce que l'état allongé de l'encéphale les a contraintes à s'unir d'origine à l'occipital supérieur, dont alors elles n'avaient dû paraître qu'une des annexes.

C'est un point de haute philosophie qui a été fort mal accueilli quand j'ai cherché à l'établir, un point de fait, pour lequel quelques réflexions approfondies avant jugement eussent été sans doute nécessaires, et que je dois et vais développer avec quelques détails, de sorte que je puisse vaincre enfin les résistances, dont il est devenu le sujet. Je cherche par là à excuser la prolixité de ce qui précède, comme de ce qui va suivre.

Afin d'aborder avec le plus d'avantages possibles les difficultés de mon sujet, j'ai recherché si quelques diversités de forme quant à l'oreille ne se rencontreraient pas dans la famille d'ailleurs parfaitement naturelle des crocodiles : je l'ai heureusement trouvé. Chaque spécialité de formes devient unindice et vaut un avis. Voilà ce qui a motivé ce grand nombre de figures numérotées de 16 à 23. En décrivant successivement les objets de ces figures, je m'attacherai principalement aux aspects qui y sont représentés, et dont ce qui suit ne sera réellement que le commentaire.

---

(1) Consultez, fig. 2, la pièce encastrée, fortement teintée et marquée, *Lett.* Q. La lettre est rejetée en dehors et conduit à son lieu par une igne de points.

Article III.

Description des pièces associées et confondues avec l'occipital supérieur.

1° *Objets de la fig.* 16, *représentés d'après le Crocodile aux deux arêtes* (crocodilus biporcatus).

Tout cet ensemble de choses nous montre la portion médiane de l'arrière-crâne, vue par dessus et d'arrière en avant. Pour fixer les rapports de chaque partie, on a représenté une moitié, Y, du pariétal, laquelle est de plus incomplète antérieurement à son bord articulaire du côté frontal; cela posé, il reste les parties K *k'*, et Z, qui soudées ensemble ont été données comme les dépendances d'une seule pièce, l'occipital supérieur : par derrière, en Z est la partie inscrite entre les ex-occipitaux, ou toute la surface de l'extérieur du crâne qui est aussi marquée Z, fig. 15 : vous la verrez, fig. 22, en raccourci, et elle est tout au contraire représentée, fig. 15, vue de face. Est-ce tout le sur-occipital, ou bien la portion d'une pièce plus compliquée qui fournit un assez large espace triangulaire au plancher extérieur du crâne? c'est là le point en discussion.

Mais, continuons de décrire. Tout en haut et à angle droit, la pièce postérieure Z est surmontée par une grosse tubérosité K, intervenant et restant visible entre les parties du plafond crânien : la portion brisée de l'os Y exprime la manière dont le pariétal par un bord sinueux et rentrant, l'entoure. On juge par la partie *k'* laissée à nu, c'est-à-dire, non recouverte à droite par le pariétal, de combien s'étendent les ailes *k' k''* de la tubérosité centrale K. Au-dessous du bord *d* est une partie de la voûte crânienne, et vers *d* est un trou (1) qui paraît ouvert, mais qui est fermé par un bord non visible dans le dessin, à cause du raccourci de la pièce; ce trou ouvre extérieurement dans un autre de même dimension creusé dans les parois du pariétal et intérieurement dans la grande caisse auditive. Ainsi cette caisse au moyen de ce trou *d* prolonge son état celluleux et ses communications dans le pariétal, où cela finit en cul-de-sac.

J'aurais ici à compléter cette description, en traitant de la face opposée, ou de la voûte crânienne, dont les flancs élargis contiennent la caisse du limaçon et les canaux semi-circulaires. Mais je renvoie ce point à l'article suivant, pouvant, pour le montrer et me faire comprendre, m'aider de figures.

2° *Objets des fig.* 22 *et* 23, *représentés d'après le gavial* (crocodilus gangeticus).

La première des deux figures, n° 22, a été dessinée sous le même aspect que la pièce n° 16; par conséquent même position respective des parties composantes et mêmes lettres pour la désignation des parties analogues: on a de même laissé, sous le couvert de la lame, ou moitié, Y, du pariétal, la portion de droite. Cependant ces figures ayant à représenter de semblables sujets et dans de mêmes circonstances, montrent d'assez grandes différences. Ceci tient à une disposition d'ensemble, chacune spéciale aux crânes des deux espèces, dis-

(1) Je ne cite qu'une ouverture : il y en a une autre symétrique à droite, mais que cache la moitié conservée du pariétal. La même chose doit s'entendre ainsi pour les parties recouvertes de l'interpariétal. Voilà pourquoi j'ai parlé des deux ailes *k*, *k*: au surplus, ces ailes sont toutes deux visibles, fig. 22.

position différente, surtout en ce qui concerne les fosses jugo-temporales. Chez le crocodile à deux arêtes, l'ouverture est exiguë, quand c'est un ovale fort étendu chez le gavial; voyez pour celui-ci *v v*, fig. 1 et 8. Des différences dans l'ensemble tiennent à des différences dans le volume proportionnel des éléments composants; et le gavial montre surtout le principe de ces différences, dans la longueur singulièrement exagérée des grandes ailes *k, k*, fig. 22. C'est la tubérosité médiane et extérieure K qui se prolonge, en s'abaissant de chaque côté sous le pariétal dans une telle étendue, qu'il en arrive une portion dans la fosse jugo-temporale. Le bord dentelé du pariétal se voit à droite en son entier : ses franges terminales correspondent avec le bord également dentelé et contigu du temporal P; et c'est par delà cette même articulation que se répandent au-dessus et assez loin les ailes : voyez à droite, L. *k*, fig. 8. Les ailes, Lettr. *k, k*, fig. 22, que partage transversalement sur leur milieu une arête dorsale, se composent ainsi de deux plans légèrement inclinés l'un à l'autre; le postérieur *k* sur la gauche, qui s'engrène par une surface rugueuse avec une surface à tous égards correspondante de l'os contigu, l'ex-occipital R, fig. 8, et le plan antérieur *k* vers la droite, qui intervient dans la fosse temporale, remplissent un vide laissé entre le pariétal, le temporal et la caisse ou énostéal; le temporal P développant un coude et étant superposé à l'énostéal *py*. J'ai placé ce même signe *k* dans la fosse jugo-temporale (fig. 8), là où cette aile apparaît.

La portion postérieure Z, inscrite en dedans des occipitaux latéraux, se distingue aussi de sa partie analogue, fig. 16, par plus d'étendue et surtout par une portion coudée qui, simulant un fort bourrelet, accompagne à la région supérieure le contour du bord postérieur du pariétal, en répétant exactement ce même contour. Un trou est laissé entre les deux pièces, de telle façon qu'un stylet qui y est introduit traverse au-dessous du pariétal, et peut sortir dans la fosse jugo-temporale. J'ai fait placer l'indication de ce stylet : voyez *a b,* fig. 9, où je donne là les faits d'une autre espèce de ce genre; et je puis les invoquer ici, parce que cette circonstance est reproduite chez tous les crocodiles. La partie éclairée supérieurement forme une partie du bourrelet dont je viens de parler.

Enfin je ne dois oublier ni la cavité *t,* ni le grand trou *d*, celui qui avec son congénère communique avec les sinus en cul-de-sac du pariétal; sinus profonds, qui sont en pleine communication avec la caisse auditive.

J'observerai que, pour atteindre et recouvrir avec plus d'efficacité vers le haut la grande étendue de surface appartenant à la pièce K (pièce que nous dirons plus tard être l'inter-pariétal), le pariétal Y, qu'on trouve fort épais au-dessus de l'encéphale, est, quant à sa moitié postérieure, taillé en biseau, de façon à fournir tout-à-fait en arrière un bord mince et conchoïde.

J'ai fait exécuter une coupe dans la pièce n° 22, l'ayant attaquée vers son flanc, par la droite, en dessous et parallèlement à la grande aile de gauche, et c'en est le produit que je montre n° 23. J'ai consacré cette figure à mettre en évidence les entrées du limaçon et des canaux semi-circulaires. J'ajoute et je préviens que ce qui est ici étudié sur le gavial, est un fait général s'étendant à tous les crocodiles.

C'est dans l'épaisseur de l'os que sont établis les canaux

semi-circulaires *i*, *i'*, et la caisse du limaçon *h*. La coupe que j'ai fait pratiquer fut exécutée à gauche et verticalement de *d* en *cg*; le surplus ici visible, forme un flanc tel qu'il est donné par la désarticulation des pièces. À gauche, est une coupe *v*, sur une cavité de laquelle il ne paraît que le tiers; cette cavité est précisément la grande caisse auditive entre les deux entrées auriculaires, celle où nous avons dit que conduit l'ouverture *d*, fig. 21; ouverture elle-même indiquée n° 23 par cette lettre *d*. A droite, se voient en raccourci et par rayons obliques, les deux cavités postérieures de l'encéphale, d'abord celle de derrière *b'*, qui contient le cervelet, et l'antérieure *b*, où sont répandus les lobes optiques : ce qu'on voit en outre ici, mais ce qui est le sujet d'un fait spécial du gavial, les cellules des deux limaçons font ressaut dans la cavité encéphalique, et y développent en effet des parois ovoïdes si considérables, que les lobes optiques et le cervelet sont écartés l'un et l'autre à la distance d'un demi-diamètre de leur volume. Dans les autres crocodiles, la cellule du limaçon est moins spacieuse, et prend d'ailleurs son développement aux dépens de la cavité opposée, celle que nous avons nommée la grande caisse tympanique. Ce cas est celui de la figure n° 10 (1).

---

(1) J'emploie en ce moment l'un des renseignements pour lesquels j'ai fait établir la fig. 10; je dirai de suite l'objet de ce dessin : voici quels en sont les détails.

L'on a tracé, d'après l'espèce du crocodile à museau de brochet (*crocodilus lucius*), le profil d'un encéphale de crocodile, pour l'offrir comme terme de comparaison à un profil analogue, qu'à ma bien grande surprise, j'ai découvert chez un téléosaure. Je reviendrai en son lieu sur l'objet de cette question particulière.

J'ai examiné attentivement l'intérieur des canaux semi-circulaires qui sont répandus à l'aise dans l'épaisseur de l'os, fig. 23 ; ils débouchent par l'orifice *i*, dans une ouverture correspondante du prérupéal Q (*Voy.* fig. 17, 18), et par l'orifice *i'* dans l'ex-occipital. Quant à la cellule *h* du limaçon, ce qu'on en voit dans la fig. 23, forme le fond de la véritable caisse auditive-nerveuse, caisse à laquelle concourent pareillement deux lames conchoïdes, l'une fournie en avant par le pré-rupéal, et l'autre en arrière par l'ex-occipital. *Voy.* plus bas, aux articles du *crocodilus lucius.*

Enfin, c'est ici le cas d'aborder un autre sujet non moins important, c'est que je ne crois pas que les masses latérales formant les tranches épaisses *b*, *h*, *b'*, fig. 23, qui se prolongent par dessus l'encéphale et s'y réunissent en une voûte crânienne, s'y continuent avec l'essence et sous la condition

---

Aujourd'hui je me borne à expliquer la fig. 10, comme montrant les rapports des lobes du cerveau avec les os propres de chacun d'eux. Ainsi *a* représente la moelle allongée, *b* le cervelet, *c* un lobe optique, *d* le lobe cérébral droit, puis enfin *e* le prolongement olfactif. A ces parties se rapportent les portions suivantes de la table osseuse *gg*, formant le sommet du crâne : ces portions se composent d'autant de compartiments que d'os distincts. L'occipital supérieur coiffe la moelle allongée *a*, l'inter-pariétal K le cervelet *b*, le pariétal Y les lobes optiques *c*, et l'unique frontal U les lobes cérébraux *d*. Le nerf de la cinquième paire *f* se voit à la gauche du dessin.

Les cavités marquées *i* et *j*, communiquent ensemble et constituent la grande cellule médiane, vers laquelle aboutissent les caisses auditives. Dans ce même paragraphe, auquel la présente note se rattache, je viens de traiter de cette grande caisse auditive centrale.

(NOTA. *C'est par erreur que notre planche Ire attribue la fig.* 10, *au* CROCODILUS SCLEROPS.)

des deux post-rupéaux ; il est sur le point médian une petite portion qui leur est étrangère. Ce fut la théorie qui me donna ce résultat. Il n'y a qu'une moindre épaisseur d'acquise pour l'observation oculaire ; car toutes ces parties sont soudées ensemble sans qu'on y puisse apercevoir aucune trace de suture. Mais, ce qui est du moins nettement visible, c'est le point médian, où la voûte crânienne se prolonge à travers la caisse labyrinthique en un éperon (1) plus ou moins épais suivant les espèces; lequel aboutit à la périphérie du crâne et y devient la grosse tubérosité médiane, marquée en notre planche des crocodiles par la lettre K. J'aperçois là si manifestement une répétition de l'inter-pariétal du cheval, que cette circonstance me paraît décidément révélatrice et me fait prononcer que de la voûte crânienne et entre les points très-rapprochés des deux post-rupéaux, s'élève une partie du plafond, se propageant jusqu'à l'extérieur du crâne, puis s'étendant plus ou moins sous le pariétal.

Je n'abandonnerai point l'examen des parties auriculaires du gavial que je n'aie rendu compte d'une cavité *v*, indiquée plutôt que montrée dans la coupe fig. 23. Ce qu'on en voit là est une partie d'un trou circulaire, s'ouvrant dans la pièce contiguë, l'ex-occipital R, et par conséquent servant de passage de la grande caisse tympanique médiane à des cellules considérables dans les occipitaux latéraux.

---

(1) Je montre cet éperon dans la fig. 10 ; c'est lui qu'exprime le filet blanc qui traverse la cavité, Lett. *i*. On voit aussi ce même éperon, très-distinctement en raison de son parfait isolement, fig. 19, sous le signe K *b*.

3° *Objets des fig.* 9, 20 *et* 21, *représentés d'après le crocodile à lunettes.* (Crocodilus Sclerops.)

La fig. 9 donne, de moitié de grandeur naturelle, l'aspect du plateau supérieur de l'arrière-crâne, mais en partie seulement; savoir, les pièces centrales Z, K, Y et U, et celles du côté gauche P, O; ces deux dernières manquent à droite, où on n'a pas jugé à propos de les reproduire. La nouveauté de cet aspect consiste dans les faits suivants : 1° l'exiguïté d'ouverture de la fosse jugo-temporale *a*, c'est-à-dire de la fosse comprise entre les pièces latérales (temporal P et jugal O), et les pièces centrales (pariétal Y, et frontal U); 2° l'intervention de la grande pièce K à l'arrière-bord, pièce où se remarque une plaque large et aplatie, là où nous n'avions encore rencontré, fig. 16 et 22, qu'une grosse tubérosité, en grande partie rugueuse. J'ai marqué par deux lignes ponctuées un espace triangulaire Z, qui est lisse.

Enfin, j'ai placé un stylet *ab*, traversant, sous le temporal P, de la fosse dont celui-ci avec le jugal fait partie, un sinus arrivant à l'arrière-crâne : le vide sous la plaque du temporal que ce stylet est destiné à mettre en évidence existe pareillement chez tous les crocodiles: j'en ai parlé dans l'article précédent. Il est rempli par des fibres musculaires et par les extrémités aponévrotiques de ces fibres: celles-ci arrivent des deux bouts, puis se mêlent et se confondent dans le centre.

La fig. 21 montre la plaque ZK du n° 9 sous le même aspect, de grandeur naturelle et double par conséquent: c'est cette même surface au sujet de laquelle nous avons insisté dans le précédent article, et qui est apparente n° 22, non-seulement quant à ses parties visibles dans le plancher extérieur du crâne, mais encore à l'égard de ce qui en est caché; savoir, en avant par le pariétal, et puis de chaque côté par les temporaux. Ces pièces, en se prolongeant sur la surface Z K, en font le revêtissement par des bords obliques et taillés en biseau, de manière qu'elles se réunissent ensemble par suture écailleuse.

C'est encore le même aspect qu'à l'égard des fig. 16 et 22, ou la même face, que représente notre pièce n° 21, à la différence près, qu'on n'y a pas maintenu sur la gauche une portion du pariétal. Le même point de vue étant conservé, ces pièces deviennent comparatives; elles semblent différer beaucoup de forme, mais c'est plus en apparence qu'en réalité. C'est ce que nous allons examiner.

En *a b* est un biseau aigu, ou bien supérieur, si la pièce est vue par derrière, comme dans la fig. 20, ou bien terminal, si elle est aperçue en dessus, fig. 21. Ce biseau se trouve ainsi formé de ce que la pièce derrière la tubérosité médiane K, gagne en longueur à proportion de ce qu'elle a perdu en largeur. L'espace triangulaire Z (*voy.* fig. 9 et 21), montre ce qu'elle a d'étendue pour son compte. Cette prolongation du biseau en arrière laisse donc croire que la tubérosité médiane s'est plus portée en avant que d'ordinaire. Cependant, à vrai dire, c'est la même tubérosité que celle, Lettre K, fig. 22, mais elle est beaucoup plus étroite, comme appartenant à une partie partout resserrée sur les flancs : enfin la saillie, *z*, qui est éclairée de même dans les deux pièces comparées, se compose également d'une prolongation latérale provenant de la plaque postérieure, ou du sur-occipital. Ici s'établit cette différence entre les deux pièces, c'est que dans le n° 22, une portion du relief Z est recouverte par les apophyses se joignant du temporal et du pariétal, quand ce même relief Z, n° 21, reste une surface dégagée, et faisant partie du plancher extérieur du crâne : cela résulte de ce que le pariétal n'avance point assez dans le *crocodilus sclerops* pour se poser en ce lieu au moyen d'une lame prolongée.

Les ailes de l'inter-pariétal *k, k,* du crocodile à lunettes, au lieu de s'étendre comme chez le gavial, sont ramassées, épaisses et arrondies, recevant et soutenant efficacement les temporaux, qui leur sont superposés, fig. 21 ; ou bien elles se trouvent formées de nombreuses scissures, fig. 20, pour servir à leur articulation avec les ex-occipitaux. Tout l'ensemble de la pièce est très-robuste et fait l'effet d'une clef de voûte à l'arrière-crâne. Les bords *dd* sont ici, aussi bien que dans les fig. 16 et 22, les orifices de communication du pariétal à la caisse tympanique médiane; et la courbe, marquée *fi, if,* forme un biseau terminal à la portion de la boîte crânienne, qui recouvre les lobes optiques. Dans la pièce retournée, n° 20, une autre courbe *h, e, h,* constitue le bord du bandeau situé au-dessus du cervelet.

Enfin les lignes avancées *h, h,* fig. 20, sont les extrémités, vues de profil, du limaçon. (*Voy. h, h,* fig. 23.)

4° *Objets des fig.* 17, 18 *et* 19, *représentés d'après le crocodile à museau de brochet* (crocodilus lucius).

De la pièce Z, fig. 17. Ce premier sujet, n° 17, a été dessiné sous le même aspect que ceux décrits et employés plus haut sous les n°s 16, 21 et 22; seulement il a été augmenté, sur la droite, de l'os antérieur et contigu Q, c'est-à-dire du pré-rupéal. Je cherche dans cette nouvelle forme, représentant la face supérieure de la pièce, quelque chose qui soit en rapport avec le même aspect des autres pièces citées, et je n'aperçois que le bord antérieur qui présente un point de ressemblance; car là sont effectivement, 1° une pointe entre *d* et *g*, le bord angulaire d'une muraille encéphalique; et 2° les ouvertures *dd*; ouvertures de communication, versant de la grande caisse tympanique dans les cellules auditives du pariétal. Il y a mieux, c'est qu'entre les trous *d*, *d*, et un peu en arrière, là où l'analogie m'enseigne d'aller observer la grosse tuberosité médiane, marquée K, il y a un autre et plus grand trou, avec mêmes caractère et destination, c'est-à-dire également employé à offrir une troisième entrée pour une autre cellule auditive dans l'épaisseur et en dedans des parois du pariétal. La grande caisse tympanique s'y confond, et le pariétal s'étend dessus, pour s'y employer à titre de plafond.

Cependant que sont devenus les éléments qui auraient dû intervenir pour composer la grosse tubérosité K, dont l'absence nous frappe ici comme un cas grave de différence? Nous ne manquerons pas de le dire en son lieu; ce sera quand nous donnerons l'explication de la fig. 19.

On voit fort peu du sur-occipital Z, lequel ne nous présente qu'une tranche en raccourci, savoir, une partie triangulaire au bas de la pièce et les sommets latéraux de celle-ci *ua*, *bu*; ces parties sont vues par-dessus dans toute leur étendue, laquelle est recouverte, sans adhérence toutefois, par le pariétal. Au-delà et par-devant se voient, en tables restreintes, les mêmes parties qui deviennent des ailes d'interpariétal, *k*, prolongées sur les flancs.

Du pré-rupéal Q, fig. 17. Cette pièce qui est longue, comme nous aurons sujet de le dire tout à l'heure, est ici montrée en raccourci, ne laissant guère d'accessible à l'observation, que 1° une grosse tubérosité rugueuse *t*, celle par laquelle le pré-rupéal s'engrène avec le ptéréal (*Voy.* fig. 2), dont le pré-rupéal est précédé; 2° une autre entrée *v*, communiquant avec la grande caisse tympanique au même titre que les entrées *d* et *d*, de la pièce contiguë; et 3° une surface articulaire *r* rencontrant l'ex-occipital, de manière à laisser entre les deux bords une portion évidée, laquelle devient la fenêtre ovale.

Le sur-occipital Z du C. *lucius*, fig. 18, répète, aux formes près, le sur-occipital du C. *sclerops*, fig. 20. Les deux pièces sont représentées sous le même aspect, et y emploient les mêmes lettres *ua*, *bu* : *a* et *b*, désignent les mêmes parties, voyez plus haut. Ce qu'il faut surtout remarquer dans le sujet du présent article, c'est le peu d'étendue réunie à une extrême précision de forme : les bords *ua*, *bu*, forment des sommets nettement tranchés et libres au-dessous du pariétal; celui-ci s'engrène par une suture lamelleuse avec le sur-occipital sur la courbe *ab*.

Le pré-rupéal Q est dans notre fig. 18 représenté isolé, mais on a eu le soin de le mettre en présence de la pièce et du bord articulaire du sur-occipital Z. Disposé pour être vu de face et dans le sens de sa longueur, le pré-rupéal montre distinctement ses diverses et principales anfractuosités. Ainsi supérieurement se voit une sorte de grand anneau *lro*, lequel est ployé et de cette manière formé par deux plans ou deux demi-cercles, inclinés l'un sur l'autre. Le demi-cercle *rl* se trouve inscrit en même temps qu'il lui arrive de recouvrir profondément une courbe correspondante, qu'on reconnaît pour faire partie de l'énostéal, celui-ci étant sous tous les rapports analogue au cadre du tympan. La membrane de ce nom s'attache sur cette baie qui forme la première et la principale entrée des caisses auditives. L'autre demi-cercle *ro* s'articule avec un arc correspondant : c'est le bord d'un même contour que fournit l'ex-occipital. Ces arcs qui se superposent et s'articulent ensemble constituent une large ouverture qui communique profondément, ou plutôt qui sert là d'entrée à la grande caisse tympanique médiane.

Puis, en descendant, se voient deux cavités, une plus grande et ovalaire *m*, et une autre inférieure, allongée et contournée *n*, qui communique avec la première; elles sont toutes deux tapissées d'une membrane blanche, fibro-cartilagineuse, qui sert de lit et d'enveloppe tutrice à la terminaison du nerf acoustique.

Toutefois ce n'est là qu'une portion du limaçon; celui-ci est complété par une cavité du post-rupéal H que j'ai déja mentionnée et dont j'ai fait représenter la coupe à l'occasion d'une autre espèce, Lett. *dvcg*, fig. 23.

De plus, toute la cavité du limaçon à la formation de laquelle voilà déja deux pièces qui concourent, se trouve cachée ou entièrement close par une lame étendue de l'ex-occipital. Cette lame est de forme conchoïde; par sa face concave, elle accroît la capacité de la cavité du limaçon, et par sa face convexe, où elle est utile comme muraille à la cavité crânienne, elle coiffe la moelle allongée.

Enfin je montre, fig. 19, séparée en deux par une coupe artificielle, la pièce ZK de la fig. 18. J'ai séparé les deux parties à leurs points *o, o, o* : un aspect sablé donne l'étendue de la coupe. J'ai consulté l'emploi de chaque partie, et agi par conséquent en me conformant aux vues de l'analogie, de manière à isoler tout-à-fait la portion de l'os complexe devant s'appliquer uniquement au sur-occipital. Cette portion a pris en notre figure, pour sa désignation appellative, la Lett. Z.

Cette pièce Z est vue ici par sa face interne, mais elle est renversée quant à sa position fig. 18; ainsi les deux larges éperons de celle fig. 18, *ua*, *bu'*, situés au-dessous du pariétal, sont représentés renversés et indiqués par les mêmes lettres *ua*, *bu'*, fig. 19. Je prie qu'on remarque une petite tubérosité *b*, qui n'est qu'à droite et sur le bord du large orifice de la grande caisse tympanique. Le sommet *oo* montre en ce lieu, où sont les déchirures de l'os, toute l'étendue de la section qu'on y a faite.

Ceci va recevoir son complément d'instruction par ce que nous allons dire de la pièce HK. Elle est détachée, ainsi que nous l'avons dit, de sa voisine Z; quand celle-ci est vue de face par le côté interne, l'autre partie, Lett. HK, est représentée de profil. On comprendra les rapports de l'une à l'autre, si par la pensée on donne à la dernière la même position qu'à la première, et qu'on vienne à poser la tranche *o* de HK sur la tranche *oo* de Z; *u'* de l'une va chercher *u'* de l'autre. A gauche est le profil de l'entrée, près de *i*, dans la grande caisse tympanique; au-dessous est une autre entrée, près de *c*, allant au mamelon. La fig. 23 donne le même fait, et plus distinctement, à l'égard du gavial. Ce que j'ai eu principalement pour but en faisant représenter cette coupe, ç'a été de montrer la tige K*b* provenant du centre de la grande caisse tympanique, et se portant en ligne droite, mais un peu de côté, sur le point *b* de la figure Z; on a tranché dans la tubérosité *b*, de manière qu'ayant entamé la table de l'os tout à côté, l'extrémité de la tige en a conservé un petit fragment sous un angle obtus : le dessin rend cela avec exactitude.

Maintenant voici ce que nous apprend cette tige qui s'est arrêtée auprès et en dedans du trou déja cité; circonstance notée au point *b* de la fig. Z, fig. 19. Ceci nous fait connaître que la partie moyenne entre les deux post-rupéaux, constituant la muraille commune aux deux cavités adossées, crânienne et tympanique centrale, offre dans le *crocodilus lucius* un cas d'atrophie. L'inter-pariétal, à quoi il convient d'attribuer cette lame qui est commune aux deux cavités, ne se répand extérieurement qu'au moyen d'un filet grêle, lequel arrête sa pointe terminale en dedans de la grande cavité tympanique.

Or, ce n'est pas cela que nous montrent les autres crocodiles; chez tous ceux dont nous avons traité précédemment, non-seulement la tige qui est plus forte, forme une expansion osseuse d'une grande étendue, mais de plus elle fait une large saillie au dehors, de sorte que c'est cette saillie qui intervient dans le plancher externe du crâne, et qui est finalement la très-grosse tubérosité marquée K, dont nous nous sommes occupés au commencement de cet article.

Article IV.

En quoi les observations de l'article précédent s'accordent; et conclusions à ce sujet.

Afin de faire mieux comprendre où tendent et conduisent ces observations, retournons pour un moment à notre point de départ, et revenons sur les impressions et jugements qui nous furent inspirés et dictés par notre instruction d'alors.

Quand j'ai cherché dans le deuxième de ces Mémoires à établir avec exactitude la spécialité singulière de l'arrière-crâne et des chambres auditives chez le crocodile, j'écrivais, l'esprit prévenu et frappé des données et résultats suivants ; les arcades maxillaires sont chez cet animal prolongées par-delà les autres parties de la tête. Et en effet chez les mammifères, où l'habitude de considérer ces arcades nous a fait croire à une sorte d'arrangement normal, elles se terminent au-devant de l'oreille, quand chez les crocodiles elles se prolongent au-delà et dépassent de beaucoup l'appareil auditif. Ceci engendre cet autre fait, ou du moins nécessite que l'oreille soit plus haut remontée, inclinée et à peu près refoulée vers la ligne médiane. Je fus d'autant plus attentif à cette curieuse métastase que dans mes considérations sur le crâne des crocodiles, j'avais pu faire passer sans nul obstacle, un stylet tout à travers les oreilles, un stylet qui se répondait en droiture d'un trou auriculaire à l'autre.

Tout cela se voit au-dessous du pariétal établi en lame et par-dessus la voûte osseuse qui coiffe l'encéphale. Qu'on s'étonne ensuite que j'aie vu là (*voyez plus haut, page* 32), « un fait gravement anomal, une composition arrivée à ce « maximum de désordres, dont on dit alors que se forment « les faits de la monstruosité. »

Mais aujourd'hui que j'ai observé plus attentivement l'oreille du crocodile, et que j'ai pu dans des différences d'une espèce à l'autre démêler un retour plus ou moins prononcé à la règle, je ne suis plus aussi décidé dans mon étonnement au sujet du cas exceptionnel que présente l'arrière-crâne de ce saurien; et tout au contraire, je reconnais que, même à l'égard de l'étrangeté de son oreille, la nature est demeurée victorieuse dans le conflit d'aussi singulières modifications, et qu'ainsi elle se montre là, comme partout ailleurs, fidèle à son principe qui ne fléchit jamais, à sa loi d'unité d'organisation, admirable dans son caractère d'invariabilité.

Cependant pourquoi ce premier jugement (*page* 32), ce soupçon d'un désordre? Et d'où vient qu'aujourd'hui, tout au contraire, je sois dans le cas de ramener ces prétendues irrégularités à la généralité d'un unique type? J'ajoute que dans un débat académique (1), j'ai rappelé d'autres vues *à priori* sur ce sujet. Pouvait-on pour cela m'attribuer un défaut de fixité dans les idées, et se promettre que j'abandonnerais encore ma dernière opinion professée, et que ce serait tout aussi facilement cette fois que les précédentes? Que l'occasion s'en offre de nouveau et que ce devienne pour moi un devoir d'agir ainsi, sans doute, je ne craindrai point d'y satisfaire. Cependant, voyons si cette marche consciencieuse n'est pas plutôt le signe d'un progrès, que celui d'une allure irréfléchie et qui serait toute destinée à se perdre dans le vague.

Voici quels furent et la marche progressive de mes études et les jugements rendus à chaque époque. J'aperçois d'abord chez le crocodile une caisse tympanique commune pour les deux appareils auditifs. La pièce composée qu'on avait nommée l'occipital supérieur, me paraît formée de deux lames soudées en quelques places sur les bords, et de plus encore attachées par un filet osseux, sorte de pilier central; sur les côtés de la lame profonde, c'est-à-dire de celle employée à

(1) Séance du 11 octobre 1830.

recouvrir l'encéphale, j'aperçois latéralement une forte épaisseur, et dans les flancs de cette portion épaissie, la principale partie du labyrinthe et les canaux semi-circulaires : audessous et en correspondance, est une autre lame rochéenne, ou le rocher selon les anatomistes.

Ces faits observés, je modifie mon jugement d'après leur enseignement, et je m'arrête à cette manière de les sentir et de les exposer : les lames rochéennes, situées inférieurement et comprises entre l'occipital latéral et les grandes ailes, ne me paraissent que la moitié de la boîte du rocher ; ce sont des os à part ou les *pré-rupéaux*. Supérieurement, est le complément ou le couvercle de cette boîte : c'est une partie osseuse où se trouve le surplus des principaux matériaux de l'oreille : j'y vois également d'autres os à part ; ceux-ci, je les nomme les *post-rupéaux*. Il est vrai qu'ils sont soudés, et à la fois par leur pilier central, et par quelques adhérences sur les bords avec la lame osseuse extérieure, ou l'occipital supérieur : mais il est reconnu aujourd'hui que le moment plus ou moins précoce pour la soudure des pièces, n'est plus qu'un fait spécial, variable selon les familles. Or, cette circonstance ne m'arrête point, et par conséquent elle ne me prive pas de croire à l'essence, aux formes et aux fonctions distinctes des *post-rupéaux* : je vois donc dans ces pièces, à la vérité soudées d'origine avec le sur-occipital, autant de parties indépendantes et individuelles. Et enfin une dernière observation me préoccupe encore, c'est que les deux parties élargies de la portion servant de voûte crânienne, ne sont réunies sur la ligne médiane que par une lame mince et de peu d'étendue en largeur, à laquelle je n'avais donné à tort au premier moment qu'une attention légère : je ne vois dans cette lame qu'un bord étendu pour qu'au point de rencontre et sur la ligne médiane, il soit satisfait à la jonction et à la soudure des deux post-rupéaux, et pour que réunis ensemble, ils soient maintenus dans une position supérieure à l'encéphale. Partout ailleurs, comme chacun sait, les oreilles existent de côté. Je ne puis ainsi d'autant moins me soustraire aux conséquences de l'observation à l'égard de cette combinaison anomale, que déja, à la région immédiatement supérieure, j'avais été fixé sur des événements de même sorte, puisque par-dessus j'avais distinctement aperçu les caisses tympaniques prolongées à leur côté intérieur, étant de plus véritablement établies en communauté d'une oreille à l'autre.

Ainsi s'expliquent, et ma surprise sur cette apparence de désordres, et le premier jugement que j'en ai porté: depuis et pour rédiger le présent Mémoire, je me suis livré à de nouvelles recherches. Ce que j'avais jusque-là ignoré, c'est que, d'un crocodile à l'autre, d'autres formes (1) modifient assez sensiblement le système de l'arrière-crâne de ces animaux. J'ai été surtout frappé (2) d'une surface grandement étendue entre les temporaux et à la suite du pariétal, surface inattendue en ce lieu et faisant partie du plancher externe et supérieur du crâne. L'idée d'un inter-pariétal se présenta alors à mon esprit. Voilà donc mes études accrues par un nouvel

(1) *Voyez* ce qu'est cette plaque, Lett. K, fig. 9, pl. I, chez le *crocodilus sclerops*.

(2) Ces formes révèlent une diversité si grande et si nettement décidée, que je ne doute pas qu'elles ne soient considérées par les naturalistes comme leur fournissant d'excellents caractères pour des subdivisions génériques. Dans un appendix à ce Mémoire, je justifierai et j'appliquerai ces vues pour le perfectionnement de nos classifications.

élément à introduire parmi ceux des premières combinaisons; et si ces recherches en doivent être utilement fécondées, nécessairement mes précédents jugements s'en ressentiront et seront modifiés au *prorata*. Engagé dans cette voie nouvelle, ce n'est donc pas que j'aie cédé à l'impulsion d'un caractère bizarre ou inconstant, mais on doit, je crois, reconnaître que je n'ai fait qu'obéir consciencieusement à une position donnée : les allures progressives sont de nécessité dans la culture des sciences.

Ainsi s'expliquera encore comment dans le présent Mémoire, j'aurai pu ressaisir le fil des règles analogiques qui, sur une apparence trompeuse, m'avait échappé au sujet de l'oreille du crocodile.

Et ne s'être point hasardé ni engagé dans ces voies étroites et difficiles, ce n'est pas là seulement de la prudence ; comme ce n'est pas non plus ce nom qui devra qualifier une indifférence affectée pour la philosophie de la science. Puis aujourd'hui, croire à notre résultat trouvé et le présenter comme devant être infailliblement conclu, comme étant inévitablement prévu par l'analogie, ce serait juger d'un coup après les événements connus.

Cependant ce résultat est-il d'une si parfaite évidence, que nous devions décidément admettre qu'il aura frappé au même degré l'esprit de tous nos lecteurs ? Voici du moins, quant à moi, comment se sont formées mes convictions. La grande tubérosité, lettre K, dans tous les exemples que j'ai fait représenter, se montre comme une partie *sui generis* par un tissu propre que trahit l'amoncellement irrégulier des molécules osseuses, par sa situation à la région supérieure, et par le caractère de ses connexions, eu égard aux pièces environnantes. C'en est assez de ces circonstances pour que cette partie soit adjugée comme détermination à l'inter-pariétal. Ajoutons que l'on se trouve encore fortifié dans ce sentiment par ce qui suit : l'inter-pariétal se prolonge à sa face interne en un pédicule qui occupe la région moyenne, qui est plus ou moins renflé selon les espèces, et qui s'en tient à n'être qu'un filet grêle dans le *crocodilus lucius*.

Chez ce dernier crocodile, l'inter-pariétal est en effet réduit à un minimum de composition, produit sous son plus petit volume. En se répandant de son point d'origine et se propageant en un simple filet grêle, il ne dépasse point l'occipital supérieur pour devenir entre cet os et le pariétal l'une des pièces de l'extérieur du crâne : il s'en va, au contraire, finir à un point (1) de la paroi interne du sur-occipital. Toutefois, que l'inter-pariétal se rende et se termine sur ce point, c'est qu'il commence ailleurs, et nécessairement à son autre extrémité. Et en effet le pédicule qui se répand de la voûte crânienne au sur-occipital, prend son origine entre les parties latérales renflées et celluleuses de cette partie centrale. Mais plus haut, nous avons montré que ces parties latérales et renflées, qui renferment le vestibule et les canaux semi-circulaires, n'étaient autres que les rochers supérieurs ou les post-rupéaux. Voilà donc que la lame centrale qui sert de voûte à la boîte crânienne n'est point une expansion des flancs extérieurs des deux post-rupéaux, un produit aminci d'un bord gagnant le bord opposé; c'est le corps même de l'inter-pariétal, considéré à son origine, étant bien à sa place et dans sa fonction, tenant à distance les rochers

(1) Au point *b*, fig. 19, portion Z.

supérieurs et coiffant la cime de l'encéphale. Là se réalisent les faits singuliers de l'inter-pariétal du cheval, comme là aussi, pour la même cause, se répète l'étroitesse de l'arrière-crâne. Car, attendu que l'étroitesse de la boîte cérébrale devient une principale ordonnée dans la construction de cette boîte, puisque c'est là ce qui amène si près et aussi haut les rochers supérieurs, il arrive que l'inter-pariétal prend son volume et son expansion dans un autre sens : ne pouvant gagner en largeur, il se prolonge extérieurement en un pédicule, dans ce filet grêle que nous avons remarqué et décrit.

Pour nous faire bien comprendre, nous rechercherons un contraste, nous placerons ici les circonstances du fait le plus dissemblable, fait d'ailleurs analogiquement identique, celui si différent que nous avons décrit au sujet du *crocodilus sclerops*. Là ne se trouve point comme chez le gavial et le crocodile aux deux arêtes (1), cette tubérosité de l'inter-pariétal faisant partie de la tranche postérieure du crâne ; c'est une plaque étendue, c'est un très-large inter-pariétal (2) qui complète en arrière le plancher externe et supérieur de la tête. Dans ce cas, cette plaque ne peut pas être et n'est plus une sorte de bouton porté par un pédicule grêle et parfaitement dégagé alentour ; mais cette plaque repose sur cette partie de la longueur de la voûte crânienne, que j'ai jusqu'à présent nommée, et que je ne puis plus nommer un pédicule. Elle fait corps, elle est soudée avec cette longue partie qui extérieurement reste apparente sous la forme d'un bourrelet épais. L'inter-pariétal du *crocodilus sclerops* est ainsi

---

(1) Pl. 1re, fig. 16 et 22.

(2) Pl. 1re, fig. 9 et 21, Lett. K.

parfaitement établi par deux lames, l'une profonde, concave et recouvrant une partie de l'encéphale, et l'autre superficielle, plane et faisant partie du plafond extérieur de l'arrière-crâne, ces deux lames ayant, pour manche qui les réunit, le bourrelet épais que je viens de mentionner.

Les choses sont disposées dans une condition moyenne chez le *crocodilus biporcatus :* l'inter-pariétal y commence (1) à sa face conchoïde du côté du cerveau, tenant les post-rupéaux sur ses flancs ; il se continue en un fort pédicule qui occupe le centre de la grande cavité tympanique, et enfin il se termine dans le fort bouton, dont est formée la grosse tubérosité visible à la ligne médiane et au dehors du crâne, et située entre le pariétal et l'occipital supérieur.

Enfin une autre et non moins curieuse condition de l'inter-pariétal, c'est l'étendue considérable qu'il prend sur les côtés chez le *crocodilus gangeticus,* ou le gavial (2) : il est fort petit à son point d'origine, c'est-à-dire au-devant du cerveau ; les post-rupéaux y sont bien près de s'atteindre. La grandeur de la fosse jugo-temporale explique le refoulement de ces rochers et leur plus grande proximité. On voit en même temps comment cet état de choses nuit à l'étendue de la face encéphalique de l'inter-pariétal, et pourquoi celui-ci est entraîné dans la voie des compensations, et va se défendre d'une gêne originelle, en satisfaisant au principe du balancement des organes ; les molécules osseuses qui n'ont pu parvenir à se déposer entre les post-rupéaux, l'ont fait, en se rejetant au dehors, au dessus et au-delà des post-rupéaux,

---

(1) Pl. 1re, fig. 16.

(2) Pl. 1re, fig. 22.

jusqu'au point de produire ces ailes, fig. 22, si étendues, que leur extrémité vient prendre place, et réussit à s'intercaler dans une partie de la fosse jugo-temporale.

Cette dernière considération et même avec excès dans sa manifestation, est un principal fait de l'organisation des reptiles téléosauriens : nous en traiterons spécialement plus tard.

En définitive, voilà *deux corollaires* que la discussion et les observations précédentes me paraissent mettre hors de doute.

Premièrement. C'est entre les lames de jonction des divers rochers et occipitaux, c'est au milieu de leurs faces respectives que sont répandues toutes les parties de l'organe auditif : les perforations et les cavités dans le tissu osseux ne s'obtiennent que par l'approche simultanée de plusieurs éléments indépendants qui y concourent. Ce principe posé pour la première fois dans les *Lois de l'ostéogénie* de M. Serres, reçoit, à l'égard des crocodiles et de leurs oreilles, une si heureuse application, que j'ai cru devoir en faire la remarque.

Secondement. Le crocodile se trouve donc posséder une oreille établie selon la règle. Mêmes matériaux constituants que partout ailleurs, étant distribués dans le même ordre et conformément au principe des connexions, se trouvant également, chacun, employé et adapté selon le caractère de sa spéciale fonction. Par conséquent la grande chambre centrale qui a si vivement, au commencement de ce Mémoire, excité mon intérêt et ma surprise, n'aurait qu'une importance moindre : car elle tiendrait à un refoulement de parties, qui seraient entrées en communication avec les vraies caisses auditives, et elle se réduirait effectivement à n'être que la plus considérable, mais d'ailleurs, que l'une des nombreuses cellules dont la chambre acoustique est de toutes parts environnée. Par conséquent enfin, l'occipital supérieur, comme on l'avait autrefois compris et nommé, ne serait au fond qu'une pièce complexe formée des os distincts suivants : 1° *de l'inter-pariétal* dans le centre; 2° *des deux rupéaux* posés sur les flancs de la voûte de l'encéphale; et 3° du véritable *sur-occipital* en arrière (1).

---

(1) Je ne puis me dispenser de jeter un coup-d'œil en arrière, et de dire quelque chose de mes anciennes déterminations.

En 1807, *Ann. du Mus. d'Hist. nat.*, t. X, p. 262, je m'exprimai ainsi : « Les quatre occipitaux sont les quatre pièces qui fournissent un de leurs « bords au trou par où passe la moelle allongée : il n'y a, il ne peut y avoir « de difficulté à leur égard. En haut est l'occipital supérieur, sur les flancs « les deux occipitaux latéraux, et tout en bas l'occipital inférieur. L'occipital « supérieur est d'une forme très-singulière. Il est renflé et caverneux : les « deux lames dont il est composé sont soutenues en dedans par des piliers os- « seux différents suivant les espèces. Ce que cette pièce présente surtout de « remarquable, c'est la communication établie de son intérieur avec les « deux conduits auditifs de l'os carré (nommé présentement *énostéal*); en « sorte que les deux chambres de l'oreille ne forment qu'une seule et « longue galerie, etc. »

En 1824, Annales des sciences naturelles, cahier d'octobre, je considère les fonctions auditives de l'occipital supérieur, et je le considère et détermine comme un seul rocher pour le haut du crâne.

Et enfin, en 1827, même ouvrage, cahier de novembre, je reviens sur cette détermination. « Toute la pièce centrale de l'arrière-crâne me parut « donner des répétitions si exactement suivies avec toutes mes autres com- « paraisons, que je ne puis supposer le problème cherché insoluble. Or, « cette solution, continuais-je, s'est trouvée dans la circonstance à peine « aperçue que la pièce d'arrière-crâne, *l'occipital supérieur*, est composée « de trois, si même ce n'est de quatre éléments primitifs, de trois du moins

Article V.

Sur la valeur des rapports et des faits philosophiques pour appuyer les conclusions précédentes.

Cependant une objection ne manquera pas d'être produite contre ces résultats : car on voudra contester l'indépendance des quatre pièces qui, dans notre manière de les considérer,

---

« avec certitude, savoir : de deux sphères osseuses contiguës, ouvertes « transversalement de part en part, et qui sont pour le haut deux ru- « péaux ; puis d'une plaque triangulaire extérieure à ces rochers, les cou- « vrant, les emboîtant et formant en dehors l'occipital supérieur, et je « viens de parler avec doute d'un quatrième élément : et, en effet, du mi- « lieu de la large base du triangle s'élève une apophyse, dont le sommet « atteint le plancher supérieur du crâne : cette apophyse s'encastre dans un « vide correspondant du pariétal. Or, la position de celle-ci, ses connexions « et ses usages, quant à la portion musculaire qui s'y insère, donnent à « penser que c'est un *inter-pariétal* dans l'état d'atrophie. »

J'ai fini mon article de 1827 par une dernière réflexion qu'il n'est pas hors de propos de rappeler : la voici.

« Entre 1807 et la présente année 1827, il s'est écoulé un espace de « vingt années. Aurais-je marché trop lentement ? Je ne le crois pas. Je « n'ai cessé de porter sur le problème toute l'activité de mon esprit. Aux « difficultés qui renaissaient presque d'année en année, j'ai opposé de la « persévérance. Cependant si j'ai réussi dans cette dernière rectification « et que celle-ci soit en effet la dernière, on pourra dire de cette ques- « tion qu'elle était sans doute très-compliquée, mais que cependant elle « réservait un prix à de constants efforts. Je m'y plais, comme à un service « rendu. »

Réflexions sur ces écrits.

Je m'éloigne donc fort peu aujourd'hui de la détermination de 1827. Toutefois, au sujet de l'*inter-pariétal*, ma pensée est plus ferme ; puis-

sont soudées ensemble dès leur origine; indépendance que nous venons de présenter comme réelle. On se fondera sur ce qu'en aucun moment de la formation et du développement de ces pièces, elles ne se manifestent point séparées pour les yeux du corps. On ne reconnaîtra pas comme une preuve suffisamment démonstrative, que cependant ces quatre éléments osseux soient montrés avec une circonscription nette et évidente, qu'ils apparaissent aux places qu'assignent à chacun et sa condition d'analogie et le principe des connexions, et qu'aucune de leurs fonctions ne manque. Inutilement voudrions-nous à notre tour repousser le faux de ce système, en ajoutant que là se trouve réuni ce qu'une philosophie pleine et éprouvée enseigne devoir y être, y intervenir à titre de *faits nécessaires*. J'invoque ma conviction, c'est qu'il n'est là qu'une circonstance de précocité dans les soudures contingentes, comme on a aujourd'hui de nombreux exemples (1).

---

que je ne conserve plus de doute sur l'existence en plus d'un élément crânien chez le crocodile, et que je viens de l'examiner dans ses limites et tous ses développements possibles. Je le vois, en effet, formé de deux plaques supportées par un manche, l'une capsulaire au-dessus de l'encéphale, et l'autre faisant partie de la périphérie du crâne.

Discourant, en octobre 1820, au sujet de cet os problématique, on en vint à me dire : POURQUOI PAS UNE QUATRIÈME OPINION. J'ai répliqué que j'étais très-disposé à me porter plus loin. J'ai annoncé que ce serait inévitable, le cas arrivant d'études nouvellement reprises, d'une exploration encore plus attentive. On a vu plus haut que cette prévision vient de se réaliser.

(1) Citons quelques-uns de ces cas : tels sont les os du canon chez les ruminants, tous les éléments de la caisse auditive réunis chez les oiseaux et les reptiles dans l'unique os carré ou énostéal, et généralement enfin tant d'organes conjugués et soudés d'origine chez les doubles monstres.

Pour de certains esprits, la conviction leur doit arriver par les yeux du corps et non sur des déductions conséquentes. Le caractère de l'individualité sera donc obstinément refusé aux quatre éléments de la pièce complexe de l'arrière-crâne chez les crocodiles.

L'un des Apôtres veut voir corporellement pour croire, et c'est de ce principe spécieux que part une certaine école pour refuser à la science les moyens de devenir science. Car c'est un parti pris de repousser les idées pour n'admettre *exclusivement* que des reliefs corporels[1], seulement des faits que l'on puisse pratiquer matériellement, et par conséquent qui ne cessent jamais d'être palpables par nos sens. Pour cette école, la science du naturaliste doit se renfermer dans ces trois résultats : *nommer, enregistrer et décrire.*

Cette école, que de certains intérêts font momentanément prévaloir, enseigne que l'histoire des sciences apporte de toutes parts le témoignage que les théories se sont successivement précipitées dans le gouffre immense des erreurs humaines, que les idées ne sont rien en soi, et que les faits seuls se défendent des révolutions et surnagent. Cependant au lieu de livrer ainsi l'enfance de l'Humanité à la critique moqueuse de la Société actuelle, qui ne tient son plus d'instruction que de la puissance du temps et d'une civilisation progressive, ne vaudrait-il pas mieux expliquer ces vicissitudes naturelles autant que nécessaires, pour les voir selon l'ordre des siècles? Et quant à cette affectation de présenter les faits comme constituant seuls le domaine de la science, il serait aussi, je crois, plus juste de dire qu'ils n'arrivent aux âges futurs, que s'ils sont escortés et protégés par les idées qui s'y rapportent et qui seules par conséquent en font la principale valeur.

Des faits, même très industrieusement façonnés par une observation intelligente, ne peuvent jamais valoir, à l'égard de l'édifice des sciences, s'ils restent isolés, qu'à titre de matériaux plus ou moins heureusement amenés à pied d'œuvre. Or comme on ne saurait porter trop de lumière sur cette thèse, je ne craindrai pas d'employer le secours de la parabole suivante :

« Paul a le desir et les moyens de se procurer toutes les jouissances de la vie : il est intelligent, inventif, et il s'est appliqué à rechercher et à rassembler ce qu'il suppose lui devoir être nécessaire. Il approvisionne son cellier des meilleurs vins ; il remplit son bûcher de tout le bois que réclamera son chauffage : il agit avec le même discernement pour tous les autres objets de sa consommation probable. Les qualités sont bien choisies, les objets habilement rangés, et un ordre savant règne partout. Mais arrivé là, Paul s'arrête. De ce vin, il ne boira pas ; de ce bois, il ne se chauffera pas ; de toutes les autres pièces de son mobilier, il n'usera pas. = *Mais*, me direz-vous, *votre Paul est un fou.* = Je l'accorde. »

Gardons-nous cependant d'une entière application. Toutefois, que dire d'un savant qui déclare s'en tenir à la production, ou à la bonne disposition *de faits positifs?* S'il ne se plaît qu'à bien élaborer ses matériaux et qu'à les livrer parfaitement façonnés, pour être un jour employés, il renonce à ce qu'il y a de plus vif, de plus enivrant, et de plus profondément philosophique dans la vie des sciences. C'est ne vouloir jouer que le rôle d'un habile appareilleur ; c'est, en manifestant bien peu de confiance en soi, vraiment craindre de se hasarder dans les conceptions de l'architecte.

Qu'enfin, vous préfériez demeurer dans l'*utilité* d'un très-habile appareilleur, soit : mais alors, ne venez point dénier toutes les ressources d'un art que vous n'avez pas suffisamment étudié.

Je ne me suis pas écarté autant qu'on le pourrait croire des questions de cet écrit, en me livrant aux réflexions précédentes. Les déterminations philosophiques des organes forment un nouveau sujet d'études et de recherches : j'ai donc le droit de dire à qui ne s'y est pas exercé, qu'il n'est pas compétent pour un jugement, où ne seraient point prises en considération des vues *nouvelles*. Ne devant considérer comme existants et réels que les faits qui frappent vos sens, et que vous puissiez saisir avec les yeux du corps, sans doute vous ne concevrez pas l'indépendance théorique des quatre osselets qui forment la pièce complexe, anciennement nommée l'occipital supérieur chez le crocodile : je n'en disconviens pas. Mais c'est une situation que vous vous êtes faite, en restant dans une direction scientifique, qui a eu ses jours de progrès, qui a satisfait à sa destinée, et dont le mouvement imprimé actuellement aux esprits ne peut plus uniquement s'accommoder.

Ayant donné dans le cours de ce Mémoire tous les motifs de ma conviction sur chaque fait en particulier, je devais m'en tenir dans ce dernier Article à invoquer le droit et la valeur des faits philosophiques, pour essayer de reporter plus au loin la borne des connaissances de notre âge.

PARTIES CRANIENS CROCODILES. PL. I

...ms des Crocodiles..1.2.3.8.22.23. C. gangeticus..2.7.15.16. C. biporcatus..4. C. suchus..9.10.20.21. C. sclerops..6. C. vulgaris..11.12.14.16.17.18.19. C. lucius..13. C. palpebrosus... *Noms des os craniens*..A. protosphénal. ...al..C. ethmosphénal..D. entosphénal..E. hyposphénal..C. basisphénal..H. postrupéal..K. interpariétal..L. addental..M. lacrymal..N. palpebral..O. jugal..P. temporal..Q. prérupéal

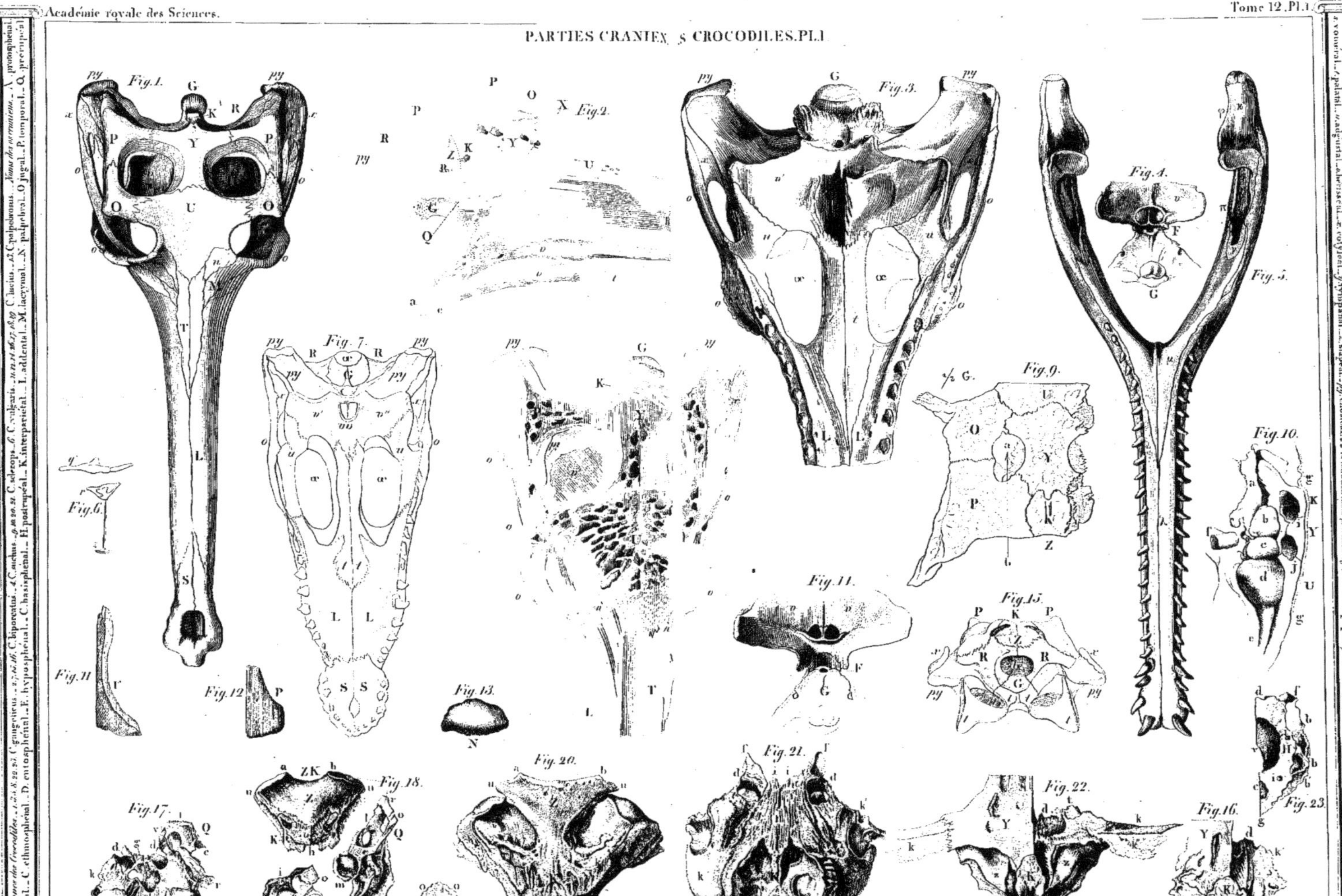

R. ex-occipital..S. adnasal..T. nasal..U. frontal..V. ingrassial..X. pitéal..Y. pariétal..Z. sur-occipital..λ. protophysal..m. rhinophysal..n. ethmophysal..o. adorbital..p. serrial..q. malléal..r. vomeral..s. palatal..u. adgustal..v. hérisséal..x. cotyléal..y. tympanal..z. stapéal..py. cuosteal..λ. subdental..μ. sublacrymal..ν. subpalpébral..o. subjugal..π. subtemporal..x. subrupéal..

www.ingramcontent.com/pod-product-compliance
Ingram Content Group UK Ltd.
Pitfield, Milton Keynes, MK11 3LW, UK
UKHW022110190726
13855UKWH00002B/757